机床电气控制技术
（第5版）

主　编　杨林建
副主编　孟　霁　方　婷
主　审　冯锦春　黄　佳

北京理工大学出版社
BEIJING INSTITUTE OF TECHNOLOGY PRESS

内 容 简 介

本书主要基于机床电气控制技术的工作实际需要编写，按照项目和任务工单式模式编写，教学内容和任务工单与习题部分均按照活页式教材模式编写，主要包括：绪论、三相异步电动机基本控制电路的安装与调试、典型机床电气控制电路分析与故障排除、FX3U 系列 PLC 基本指令的应用、FX3U 系列 PLC 顺序功能与步进指令的应用、FX3U 系列 PLC 常用功能指令的应用，共 6 个项目。教材引入大国工匠故事，培养学生精益求精的技术实践技能。

本书既可作为高等职业学院、应用型本科学院、技师学院的机械、机电、电气、汽车等专业相关课程的教学用书，也可作为高等职业专科学校、职工大学、成人高校的教学用书，还可作为相关工程技术人员的参考用书及自学材料。

为了方便教学，书中附有视频和动画等教学资源，读者可以扫描书中二维码资源，随扫随学，激发学生自主学习，实现学生高效学习。

未经许可，不得以任何方式复制或抄袭本书之部分或全部内容。

图书在版编目（CIP）数据

机床电气控制技术 / 杨林建主编. -- 5 版. -- 北京：北京理工大学出版社，2023.7

ISBN 978 - 7 - 5763 - 2697 - 0

Ⅰ．①机… Ⅱ．①杨… Ⅲ．①机床 - 电气控制 Ⅳ．①TG502.35

中国国家版本馆 CIP 数据核字（2023）第 144430 号

责任编辑：封　雪	**文案编辑**：封　雪
责任校对：周瑞红	**责任印制**：李志强

出版发行 / 北京理工大学出版社有限责任公司

社　　址 / 北京市丰台区四合庄路 6 号

邮　　编 / 100070

电　　话 / （010）68914026（教材售后服务热线）
　　　　　　（010）68944437（课件资源服务热线）

网　　址 / http://www.bitpress.com.cn

版 印 次 / 2023 年 7 月第 5 版第 1 次印刷

印　　刷 / 涿州市新华印刷有限公司

开　　本 / 787 mm × 1092 mm　1/16

印　　张 / 15.5

字　　数 / 331 千字

定　　价 / 76.00 元

前　言

本书按照"必需够用"的理论需要进行教材编写，教材编写过程中注重学生职业能力培养、职业实践技能训练；注重学生解决实际问题的能力及自学能力培养，结合工程实际，介绍机床设备电气控制过程的设计、安装、调试中常用的电工工具和机床电气控制中常见的故障现象检测方法及故障排除。

针对高职教育的特点，高职类教材在实用性、通用性和新颖性方面有其特殊的要求，即教材的内容要基于学生在毕业后的工作需要，注重与工作过程相结合，教材内容要实用，容易理解，能反映当前机床设备电气控制状况和发展趋势，要有利于学生技能培养，本书主要基于这种思路编写。

全书按照项目式思路编写，包括：绪论、三相异步电动机基本控制电路的安装与调试、典型机床电气控制电路分析与故障排除、FX3U 系列 PLC 基本指令的应用、FX3U 系列 PLC 顺序功能与步进指令的应用、FX3U 系列 PLC 常用功能指令的应用，共6 个项目，项目符合"1 + X"精神的课程融通评价体系，增加了视频和动画等教学资源，体现"互联网 +"新形态一体化教材理念。

本书在编写过程中突出以下特点：

1. 将课程思政元素融入教材教学全过程。

2. 教材教学工程注重培养学生的技能，教材注重讲好大国工匠故事。

3. 采用活页式教材方式编写。习题内容丰富，包括填空题、选择题、判断题、简答题、设计题等内容，并附有详细答案。

4. 教材内容引入数字化教学资源；校企合作共同开发教材。

5. 注重应用能力的培养，突出对学生技能的训练，在训练过程中将理论知识与实际应用融合，真正做到教、学、做相结合。

6. 内容选择：内容选取由简单到复杂，全书配有工业应用图例和现在大量使用的机床控制线路，学生易学（教师容易教会学生）。

7. 考虑工业应用实际，在 PLC 部分主要介绍三菱公司的 FX3U 的 PLC。

本书汲取了当前科学技术和制造业技术的发展在电气技术领域的新成果，反映了电气领域技术发展的新动向，为学生了解电气技术的最新发展动态，将来在实际工作中适应日益发展的液压技术打下基础。

本书由四川工程职业技术学院杨林建教授担任主编，方婷和德阳市市场监督管理局孟雳担任副主编，分别编写项目一、项目五、项目六，四川工程职业技术学院冯锦春教授和德阳特变电工股份有限公司黄佳高级工程师担任主审。参加编写的人员及分工如下：四川工程职业技术学院冯华勇和德阳杰创科技有限公司钟成明编写项目二，四川工程职业技术学院徐伟和德阳特变电工股份有限公司刘新峰编写项目三，四川工程职业技术学院李晶、刘淑香、苟建峰编写项目四。

全书由杨林建统稿和定稿。在本书的编写过程中，编者参考了很多相关资料和书籍，并得到有关院校的大力支持与帮助，在此一并表示感谢！

由于编者水平有限，加之编写时间仓促，书中不足和错误之处在所难免，恳请广大工程技术人员和读者批评指正。如有意见和建议请发到邮箱：810372283@ qq. com，以便再版时改进。

编 者

目　录

教材导读

　　建议本教材教学过程中采取系统学习（视频、微课、教师讲授）＋工作任务页指导（学生仿真任务实验＋学生实训＋课后练习）的行动导向教学方式进行。具体教学组织建议按表《机床电气控制技术》教材教学组织实施导程表实施。

1. 关于系统学习

　　建议按如下模块进行系统学习，通过课堂教师讲授，配以相应的动画、微课等，以增加学生对专业知识的理解与认知。

《机床电气控制技术》教材教学组织实施导程表

项目序列	学生课堂工作任务	课堂教学内容	学时分配
项目一	绪论	1. 电气自动控制在现代设备中的地位； 2. 机床电气自动控制技术发展； 3. 继电器－接触器控制的优缺点； 4. CNC、FMS、CIMS 控制技术； 5. PLC 技术介绍及应用	2
项目二　三相异步电动机基本控制电路的安装与调试	任务一　三相异步电动机单向连续运行（启－保－停）电路的安装与调试	1. 低压断路器、按钮、熔断器、热继电器、接触器的结构和工作原理； 2. 电气控制系统图的绘制； 3. 电动机的启－保－停电路的安装与调试； 4. 电动机的保护环节	4
	任务二　工作台自动往返控制电路的安装与调试	1. 位置开关的结构和工作原理； 2. 三相异步电动机的正反转控制电路； 3. 电动机的自动循环控制电路； 4. 多地控制电路	2
	任务三　三相异步电动机的 Y－△减压启动控制电路的安装与调试	1. 电磁式继电器、时间继电器的结构和工作原理； 2. 三相异步电动机的 Y－△减压启动电路分析； 3. 定子绕组串电阻减压启动	2
	任务四　三相异步电动机能耗制动控制电路的安装与调试	1. 速度继电器的结构和工作原理； 2. 三相异步电动机的能耗制动； 3. 三相异步电动机的反接制动	2

项目序列	学生课堂工作任务	课堂教学内容	学时分配
项目三　典型机床电气控制电路分析与故障排除	任务一　CA6140 型车床电气控制电路分析与故障排除	1. 车床的主要结构及运动形式； 2. 机床电气控制电路分析的主要内容； 3. CA6140 型车床主电路和控制电路分析； 4. 电路故障检测方法； 5. CA6140 型车床常见故障及排除； 6. 电气设备安装、调试及维护； 7. CA6140 型车床电路的拖动特点及控制要求	2
	任务二　XA6132 型铣床电气线路分析与故障排除	1. 铣床的主要结构及运动形式； 2. 机床电气控制电路分析的主要内容； 3. 电路故障检测方法； 4. X6132 型铣床常见故障及排除； 5. 电气设备安装、调试及维护； 6. CA6140 型车床电路的拖动特点及控制要求	4
项目四　FX3U 系列 PLC 基本指令的应用	任务一　三相异步电动机的启停的 PLC 控制	1. PLC 的产生、定义、特点和分类； 2. PLC 的应用范围、组成、编程语言、工作原理和工作过程； 3. PLC 型号含义； 4. PLC 的编程元件（X、Y 输入和输出继电器）； 5. LD/LDI、OUT、AND/ANI、OR/ORI、ANB、ORB 的用法； 6. GX Developer 软件的基本用法； 7. 三相异步电动机的启 – 保 – 停电路的 PLC 控制电路的 I/O 接线图、梯形图和控制面板； 8. SET/RST 指令介绍及应用	6
	任务二　水塔水位的 PLC 控制	1. 辅助继电器 M 的用法； 2. 数据寄存器 D、定时器 T 的用法； 3. 设计振荡电路； 4. PLC 梯形图设计规则和梯形图优化； 5. PLC 经验设计法及常见控制电路 PLC 设计； 6. 延时电路设计	4
	任务三　三相异步电动机正反转循环运行的 PLC 控制	1. 计数器 C 的用法及应用； 2. MPS/MRD/MPP 多重指令的应用； 3. 时钟电路设计； 4. 梯形图和语句表的转化； 5. 正反转控制 PLC 的 I/O 接线图、梯形图及程序调试； 6. MC/MCR 指令应用	4

学习笔记

项目序列	学生课堂工作任务	课堂教学内容	学时分配
项目五　FX3U 系列 PLC 顺序功能与步进指令的应用	任务一　两种液体混合的 PLC 控制	1. 状态继电器的使用； 2. 顺序控制的概述及系统状态转移图绘制； 3. 绘制单序列顺序功能图，并将其用步进指令转移成梯形图与指令表； 4. 用 PLC 实现单流程顺序控制； 5. 液体混合装置 I/O 接线图、控制系统接线图、状态转移图、梯形图及程序调试	4
	任务二　大小球分拣系统的 PLC 控制	1. 选择性分支的状态编程方法； 2. 选择性分支步进程序设计； 3. 根据工作流程图转换为状态转移图； 4. 操作运行系统，分析操作结果； 5. 会监控梯形图； 6. 大小球分拣系统工作流程图、状态转移图、I/O 接线图、梯形图及程序调试	4
	任务三　十字路口交通信号灯的 PLC 控制	1. 顺序控制并行序列步进指令的编程； 2. 并行序列顺序控制步进指令设计； 3. 使用三菱 GX – Developer 编程软件； 4. 输入指令表； 5. 十字路口交通信号灯工作流程图、状态转移图、I/O 接线图、梯形图及程序调试	2
项目六　FX3U 系列 PLC 常用功能指令的应用	任务一　流水灯的 PLC 控制	1. 功能指令的编号和助记符； 2. 数据长度及执行方式； 3. 操作数； 4. 功能指令的数据结构； 5. 数据传送指令； 6. 循环移位指令	4
	任务二　8 站小车随机呼叫的 PLC 控制	1. 比较指令； 2. 区间比较指令； 3. 区间复位指令； 4. 触点比较指令； 5. 比较指令的应用	4
	任务三　抢答器的 PLC 控制	1. 分支指针； 2. 中断指令； 3. 子程序调用指令； 4. 子程序返回指令； 5. 主程序结束指令； 6. 条件跳转指令	4

2. 关于工作任务页的使用

配合课堂教学：可利用工作任务页实施引导文教学法，即按任务页指导，学生进行专业知识学习、仿真实验以及实训学习，并通过工作任务页后的课后作业加以巩固，做中学，学中练。

考虑到教学认知规律，本教材以任务知识库和学生任务页两部分构成一册书，任务知识库方便教师教授及学生学习以及查找专业知识之用；而学生任务页独立成册，引导学生在课堂实施任务，进行仿真回路设计，探究专业知识的规律，并方便教师批改任务页之使用。本教材提供了工作任务页中所有任务实施的建议机床电路，供教师及学生参考，同时也针对专业知识的习题部分，提供了参考性的答案，以备学生对专业知识的学习与巩固。

本书主要基于机床电气控制技术的工作实际需要编写，按照项目和任务工单式模式编写，教学内容和任务工单与习题部分均按照活页式教材模式编写，主要包括：绪论、三相异步电动机基本控制电路的安装与调试、典型机床电气控制电路分析与故障排除、FX3U 系列 PLC 基本指令的应用、FX3U 系列 PLC 顺序功能与步进指令的应用 FX3U 系列 PLC 常用功能指令的应用 ，共 6 个项目。教材引入大国工匠故事，培养学生精益求精的技术实践技能。

本书既可作为高等职业学院、应用型本科学院、技师学院的机械、机电、电气、汽车等专业相关课程的教学用书，也可作为高等职业专科学校、职工大学、成人高校的教学用书，还可作为相关工程技术人员的参考用书及自学材料。

为了方便教学，书中附有视频和动画等教学资源，读者可以扫描书中二维码资源，随扫随学，激发学生自主学习，实现学生高效学习。利用线上网络资源课程来组织教学，更有益于提升教学效果。

电气控制柜实例

整齐漂亮的布线

课程二维码资源列表

虚虚实实秒接线—Y－△启动主电路分析与接线仿真练习		视频 1	
汇川 PLC 在自动线上应用		视频 2	
交流感应电动机的工作原理		视频 3	
交流感应电动机结构		视频 4	
旋转磁场的产生		视频 5	
直流电动机部分全课时		视频 6	
直流电机结构和工作原理			

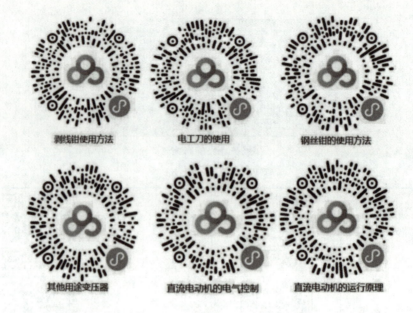

| 剥线钳使用方法 | 电工刀的使用 | 钢丝钳的使用方法 |
| 其他用途变压器 | 直流电动机的电气控制 | 直流电动机的运行原理 |

大国工匠

项目一　绪论

学习目标	知识目标	1. 熟悉常用低压电器的结构、工作原理、型号规格、电气符号使用方法及在电气电路中的作用； 2. 熟练掌握电气控制电路的基本环节； 3. 熟练掌握数字式万用表的使用方法； 4. 掌握常用电路的安装、调试与故障排除； 5. 掌握电动机的结构、接线方法、工作原理与安装调试
	技能目标	1. 能根据控制要求选择合理的低压电器； 2. 初步具有电动机控制电路分析与安装调试的能力； 3. 能根据控制要求，熟练画出基本控制环节的主电路和控制电路，并能够进行安装与调试； 4. 能熟练运用所学知识识读电气原理图和电气系统安装接线图
	素质目标	1. 传递正确的人生观和价值观； 2. 提高学生的综合素养和创新能力； 3. 为社会培育出专业过强、素质过硬的综合型人才

各工业生产部门的生产机械设备，基本上都是通过金属切削机床加工生产出来的，因此机床是机械制造业中的主要加工设备，机床的质量、数量及自动化水平都直接影响到整个机械工业的发展。机床工业发展的水平是一个国家工业水平的重要标志。

一、电气自动控制技术在现代机床设备中的地位

过去，生产机械由工作机构、传动机构和原动机三部分组成。自从电气元件与计算机应用在机械上后，现代化生产机械已包含第四个组成部分——以电气为主的自动控制系统，它使机器的性能不断提高，使工作机构、传动机构的结构大大简化。

所谓"自动控制"，是指在没有人直接参与（或仅有少数人参与）的情况下，利用自动控制系统，使被控对象自动地按预定规律工作。导弹能准确地命中目标，人造卫星能按预定轨道运行并返回地面指定的地点，宇宙飞船能准确地在月球上着陆并安全返回，都离不开自动控制技术。在工业上，机器按照规定的程序自动地实现启动与停止；在微型计算机控制的数控机床上，按照计算机发出的程序指令，自动按预定的轨迹进行加工，自动退刀、自动换工件，再自动加工下一个工件；在轧钢机设备上，用电子计算机计算出轧制速度与轧辊压下量，并通过晶闸管可控整流电路控制电动机

来实现这些指令；在自动化仓库中，由可编程序控制器（PLC）自动控制货物的存放与取出；利用可编程序控制器，按照预先编制的程序，使机床实现各种自动加工循环。所有这些都是电气自动控制的应用。

实现自动控制的手段是多种多样的，可以用电气的方法来实现，也可以用机械的、液压的、气动的等方法来实现。由于现代化的金属切削机床均用交、直流电动机作为动力源，因而电气自动控制是现代机床的主要控制手段。即使采用其他控制方法，也离不开电气控制的配合。本书就是以机床作为典型对象来研究电气自动控制技术的基本原理、方法和应用，这些基本控制方法自然也适用于其他机器设备及生产过程。

机床设备经过 100 多年的发展，结构不断改进，性能不断提高，在很大程度上取决于电气拖动与电气控制技术的更新。电气拖动在速度调节方面具有无可比拟的优越性和发展前途。采用直流或交流无级调速电动机驱动机床，使结构复杂的变速箱变得十分简单，简化了机床结构，提高了效率和刚度，也提高了精度。近年研制成功用于数控车床、铣床、加工中心机床的电动机——主轴部件（电主轴单元技术），是将交流电动机转子直接安装在主轴上，使其具有宽广的无级调速范围，且振动和噪声均较小，它完全代替了主轴变速齿轮箱，对机床传动与结构将产生变革性影响。

现代化机床设备在电气自动控制方面综合应用了许多先进的科技成果，如计算技术、电子技术、自动控制理论、精密测量技术及传感技术等，特别是当今信息时代，微型计算机已广泛用于各行各业，机床是最早应用电子计算机的设备之一。早在 20 世纪 40 年代末期，电子计算机就与机床有机结合产生了新型机床——数控机床。现在价廉可靠的微机在机床行业中的应用日益广泛，由微型计算机控制的数控机床与数显装置越来越多地在我国各类工厂中获得使用和推广。这些新科学技术的应用，使机床电气设备不断实现现代化，从而提高了机床自动化程度和机床加工效率，扩大了工艺范围，缩短了新产品试制周期，加速了产品更新换代。现代化机床还可提高产品加工质量，降低工人劳动强度，降低产品成本等。近 20 年来出现的各种机电一体化产品、数控机床、机器人、柔性制造单元及系统等均是机床电气设备实现现代化的硕果。总之，电气自动控制在机床中占有极其重要的地位。

二、机床电气自动控制技术发展简介

（一）电气拖动的发展与分类

电气控制与电气拖动有着密切的关系。20 世纪初，由于电动机的出现，机床的拖动发生了变革，用电动机代替蒸汽机，机床的电气拖动随电动机的发展而发展。

1. 成组拖动技术

成组拖动技术是指一台电动机经天轴（或地轴）由皮带传动驱动若干台机床工作。这种方式存在传动路线长、效率低、结构复杂等缺点，早已被淘汰。

2. 单电动机拖动技术

单电动机拖动技术是指一台电动机拖动一台机床。它较成组拖动简化了传动机构，缩短了传动路线，提高了传动效率，至今中小型通用机床仍有采用单电动机拖动的。

3. 多电动机拖动技术

随着机床自动化程度的提高和重型机床的发展，机床的运动增多，要求提高，出现了采用多台电动机驱动一台机床（如铣床）乃至十余台电动机拖动一台重型机床（如龙门刨床）的拖动方式，这样可以缩短机床传动链，易于实现各工作部件运动的自动化。当前重型机床、组合机床、数控机床、自动线等均采用多电动机拖动的方式。

4. 交、直流无级调速技术

由于电气无级调速具有可灵活选择最佳切削用量和简化机械传动结构等优点，20世纪30年代出现的交流电动机——直流发电机——直流电动机无级调速系统，至今还在重型机床上有所应用。20世纪60年代以后，由于大功率晶闸管的问世和变流技术的发展，又出现了晶闸管直流电动机无级调速系统，它较之前者，具有效率高、动态响应快、占地面积小等优点，当前在数控机床、磨床及仿形等机床中已得到广泛应用。由于逆变技术的出现和高压大功率管的问世，20世纪80年代以来交流电动机无级调速系统有了迅速发展，它利用改变交流电的频率等措施来实现电动机转速的无级调速。交流电动机无电刷与换向器，较之直流电动机易于维护且寿命长，很有发展前途。

（二）电气控制系统的发展与分类

1. 逻辑控制系统

逻辑控制系统又称开关量或断续控制系统，逻辑代数是它的理论基础，采用具有两个稳定工作状态的各种电器和电子器件构成各种逻辑控制系统。按自动化程度的不同分为：

（1）手动控制

在电气控制的初期，大都采用电气开关对机床电动机的启动、停止、反向等动作进行手动控制，现在砂轮机、台钻等动作简单的小型机床上仍有采用。

（2）自动控制

按其控制原理与采用电气元件的不同又可分为：

①继电接触器自动控制系统。多数通用机床至今仍采用继电器、接触器、按钮开关等电气元件组成的自动控制系统，它具有直观、易掌握、易维护等优点，但功耗大、体积大，并且改变控制工作循环较为困难（如果要改变，需重新设计电路）。

②顺序控制器。由集成电路组成的顺序控制器具有程序变更容易、程序存储量大、通用性强等优点，广泛用于组合机床、自动线等。20世纪60年代末，又出现了具有运算功能和较大功率输出能力的可编程控制器 PC（Programmable Controller，又称 PLC——Programmable Logic Controller），它是由大规模集成电路、电子开关、晶闸管等组成的专用微型电子计算机，用它可代替大量的继电器，且功耗小、质量小，在机床上具有广阔的应用前景。

③数字控制。20世纪40年代末，为了适应中小批量机械加工生产自动化的需要，应用电子技术、计算技术、现代控制理论、精密测量等近代科学成就，研制成了数控机床。它是由电子计算机按照预先编好的程序，对机床实行自动化的数字控制。数控机床既有专用机床生产率高的优点，又兼有通用机床工艺范围广、使用灵活的特点，并且还具有能自动加工复杂的成形表面、精度高等优点，因而它具有强大的生命力，

发展前景广阔。

数控机床的控制系统，最初是由硬件逻辑电路构成的专用数控装置（Numerical Control，NC），但其成本昂贵，工作可靠性差，逻辑功能固定。随着电子计算机的发展，又出现了 DNC（Direct Numerical Control）、CNC（Computer Numerical Control）、AC（Adaptive Control）等数控系统。

为了充分发挥电子计算机运算速度快的潜力，曾出现过由一台电子计算机控制数台、数十台甚至上百台数控机床的"计算机群控系统"，又称计算机直接控制系统，这就是 DNC。

随着小型电子计算机的问世，又产生了用小型电子计算机控制的数控系统（CNC），它不仅降低了制造成本，还扩大了控制功能和使用范围。

近十年来，随着价格低廉、工作可靠的微型电子计算机的出现，更加促进了数控机床的发展，出现了大量的微型计算机数控系统（Micro Computer Numerical Control，MNC），当今世界各国生产的全功能和经济型数控机床均系 MNC 系统。

AC 称为自适应控制系统，它能在毛坯余量变化、硬度不均、刀具磨损等随机因素出现时，使机床具有最佳切削用量，从而始终保证具有高的加工质量和生产效率。

由数控机床、工业机器人、自动搬运车、自动化检测、自动化仓库等组成的统一由中心计算机控制的机械加工自动线称为柔性制造系统（Flexible Manufacturing System，FMS），是自动化车间和自动化工厂的重要组成部分与基础。较之专用机床自动线，它具有能同时加工多种工件、能适应产品多变、使用灵活等优点，当前各国均在大力发展数控机床和柔性制造系统。

随着生产的发展，由单个机床的自动化逐渐发展为生产过程的综合自动化。柔性制造系统（FMS），再加上计算机辅助设计（CAD）、计算机辅助制造（CAM）、计算机辅助质量检测（CAQ）及计算机信息管理系统构成计算机集成制造系统（Computer Integrated Manufacturing System，CIMS），它是当前机械加工自动化发展的最高形式。机床电气自动化的水平在电气控制技术迅速发展的进程中将被不断推向新的高峰。

2. 连续控制系统

连续控制系统是对物理量（如电压、转速等）进行连续自动控制的系统，又称模拟控制系统。这类系统一般是具有负反馈的闭环控制系统，常伴有功率放大的特点，且有精度高、功率大、抗干扰能力强等优点。例如，直流电动机驱动机床主轴实现无级调速的系统，交、直流伺服电动机拖动数控机床进给机构和工业机器人的系统均属连续控制系统。

3. 混合控制系统

同时采用数字控制和模拟控制的系统称为混合控制系统，数控机床、机器人的控制驱动系统多属于这类控制系统。数控机床由数字电子计算机进行控制，通过数模转换器和功率放大器等装置驱动伺服电动机和主轴电动机带动机床执行机构产生所需的运动。

三、课程的内容及要求

机床电气控制技术就是采用各种控制元件、自动装置，对机床进行自动操纵、自

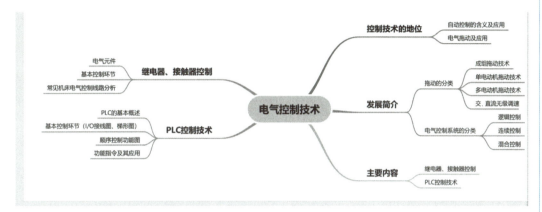

动调节转速，按给定程序和自动适应多种条件的随机变化而选择最优的加工方案，以及工作循环自动化等。

机床电气控制技术课程，就是研究解决机床电气控制的有关问题，阐述机床电气控制原理，实现机床控制线路、机床电气控制线路的设计方法及常用电气元件的选择、可编程控制器等内容，本书只涉及最基本、最典型的控制线路及控制实例。

在学完本课程以后，学生应掌握电气控制技术的基本原理；学会分析一般机床的电气控制电路并具有一定的设计能力；对可编程控制器应具有基本的运用能力。

综上所述，通过本门课程的学习，学生应具有对机电一体化产品的综合分析和设计能力。

项目二　三相异步电动机基本控制电路的安装与调试

学习目标	知识目标	1. 熟悉常用低压电器的结构、工作原理、型号规格、电气符号使用方法及在电气电路中的作用； 2. 熟练掌握电气控制电路的基本环节； 3. 熟练掌握数字式万用表的使用方法； 4. 掌握常用电路的安装、调试与故障排除； 5. 掌握电动机的结构、接线方法、工作原理与安装调试
	技能目标	1. 能根据控制要求选择合理的低压电器； 2. 初步具有电动机控制电路分析与安装调试的能力； 3. 能根据控制要求，熟练画出基本控制环节的主电路和控制电路，并能够进行安装与调试； 4. 能熟练运用所学知识识读电气原理图和电气系统安装接线图
	素质目标	1. 对大国工匠产生敬佩之情，从而激发学生的学习热情； 2. 分享不合格产品在生产中的危害，教育学生树立质量安全意识和认真严谨的工作态度

现代工业技术的发展对工业电气控制设备控制提出了越来越高的要求，为了满足生产机械的要求，许多新的控制方式被采用。但继电器–接触器仍是电气控制系统中最基本的控制方法，是其他控制方式的基础。

大国工匠

继电器–接触器系统是有各种开关电器用导线连接来实现各种逻辑控制的系统。其优点是电路图直观形象、控制装置结构简单、价格便宜、抗干扰能力强，广泛用于各类生产设备的控制中。其缺点是接线方式固定，导致同用性、灵活性较差，难以实现系统化生产；且由于采用的是有触点的开关电器，触点易发生故障，维修量大；等等。尽管如此，目前继电器–接触器控制仍是各类机电设备最基本的电气控制形式。

任务一　三相异步电动机单向连续运行(启–保–停)电路的安装与调试

一、引入任务

点动控制使用按钮、接触器控制电动机运行是最简单的控制电路，常用于电葫芦控制和车床托板箱快速移动的电动机控制。点动按钮松开后电动机将逐渐停车，这在实际中往往不能满足工业生产要求。如果要求按钮按下后，电动机能连续运行，应该怎么操作呢？

本任务主要讨论低压开关、低压断路器、交流接触器、热继电器电气控制系统图的基本知识，电气控制电路安装步骤和方法以及三相异步单向连续运行控制电路安装与调试的方法。

二、相关知识

（一）开关电器

刀开关又称闸刀开关，是一种手动控制器，结构简单，一般在不经常操作的低压电路中用作接通或切断电源或用来将电路与电源隔离，有时也用来直接控制小容量电动机的启动、停止和正、反转。常用的刀开关分为开启式负荷开关和封闭式负荷开关。

1. 开启式负荷开关

开启式负荷开关的基本结构如图 2 - 1 （a）所示，三极刀开关电气符号如图 2 - 1 （c）所示。它由刀开关和熔断器组合而成，包含瓷底座、静触点、动触点、触刀、瓷质手柄、胶盖等。

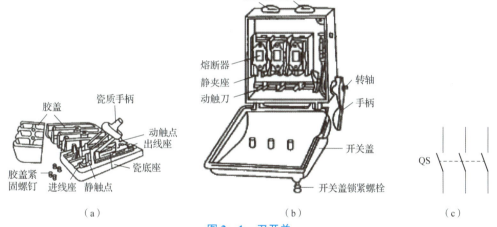

图 2 - 1　刀开关

（a）开启式负荷开关；（b）封闭式负荷开关；（c）电气符号

这种开关因其有简易的灭弧装置，不宜用于带大负载接通或分断电路，故不宜频繁分、合电路。但因其结构简单，价格低廉，常用作照明电路的电源开关，也可用于 5.5 kW 以下三相异步电动机不频繁启动和停止控制，是一种结构简单而应用广泛的电器。按极数不同，刀开关分单极、双极和三极三种。常用的 HK 系列刀开关的额定电压为 220 V 或 380 V，额定电流为 10 ~ 60 A 不等。

2. 封闭式负荷开关

封闭式负荷开关又称铁壳开关，图 2 - 1 （b）所示为常用的铁壳开关示意图。

3. 刀熔开关

低压刀熔开关又称熔断器式刀开关，也称刀熔开关，是低压刀开关与低压熔断器组合的开关电器。

低压刀开关安装方法：

①选择开关前，应注意检查动触片对静触点接触是否良好、是否同步。如有问题，应予以修理或更换。

②电源进线应接在静触点一边的进线端，用电设备应接在动触点一边的出线端。这样，当开关断开时，闸刀和熔体均不带电，以保证更换熔体时的安全。

③安装时，刀开关在合闸状态下手柄应该向上，不能倒装或平装，以防止闸刀松动落下时误合闸。

注意事项：

①安装后应检查闸刀和静触点是否呈直线和紧密可靠。

②更换熔丝时，必须先拉闸断电，再按原规格安装熔丝。

③胶壳刀开关不适合用来直接控制 5.5 kW 以上的交流电动机。

④合闸、拉闸动作要迅速，使电弧很快熄灭。

4. 组合开关

组合开关包括转换开关和倒顺开关。其特点是用动触片的旋转代替闸刀的推合和拉开，实质上是一种由多组触点组合而成的刀开关。这种开关可用作交流 50 Hz、380 V 和直流 220 V 以下的电路电源引入开关或控制 5.5 kW 以下小容量电动机的直接启动，以及电动机正、反转控制和机床照明电路控制。额定电流有 6 A、10 A、15 A、25 A、60 A、100 A 等多种。在电气设备中主要作为电源引入开关。

（1）转换开关

HZ5—30/3 型转换开关的外形如图 2 - 2（a）所示，其结构及电气符号分别如图 2 - 2（b）、图 2 - 2（c）所示。它主要由手柄、转轴、凸轮、动触片、静触片及接线柱等组成。当转动手柄时，每层的动触片随方形转轴一起转动，使动触片插入静触片中，使电路接通；或使动触片离开静触片，使电路分断。各极是同时通断的。为了使开关在切断电路时能迅速灭弧，在开关转轴上装有扭簧储能机构，使开关能快速接通与断开，从而提高开关的通断能力。

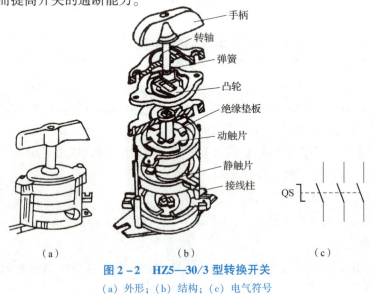

图 2 - 2　HZ5—30/3 型转换开关

（a）外形；（b）结构；（c）电气符号

（2）倒顺开关

其外形和结构如图2－3（a）所示，电气符号如图2－3（b）所示。倒顺开关又称可逆转开关，是组合开关的一种特例，多用于机床的进刀、退刀，电动机的正、反转和停止的控制或升降机的上升、下降和停止的控制，也可作为控制小电流负载的负荷开关。

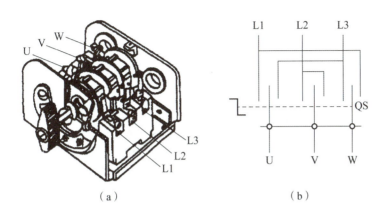

图2－3　倒顺开关

（a）外形和结构；（b）电气符号

（3）组合开关的选用

①选用转换开关时，应根据电源种类、电压等级、所需触点数及电动机容量来选用，开关的额定电流一般取电动机额定电流的1.3～2.0倍。

②用于一般照明、电热电路，其额定电流应大于或等于被控电路的负载电流的总和。

③当用作设备电源引入开关时，其额定电流应稍大于或等于被控电路的负载电流的总和。

④用于直接控制电动机时，其额定电流一般可取电动机额定电流的2～3倍。

（4）安装方法

①安装转换开关时应使手柄保持平行于安装面。

②转换开关需安装在控制箱（或壳体）内时，其操作手柄最好伸出在控制箱的前面或侧面，应使手柄在水平旋转位置时为断开状态。

③若需在控制箱内操作，转换开关最好装在箱内右上方，而且在其上方不宜安装其他电器，否则应采取隔离或绝缘措施。

（5）注意事项

①由于转换开关的通断能力较低，因此不能用来分断故障电流。当用于控制电动机正、反转时，必须在电动机完全停转后才能操作。

②当负载功率因数较低时，转换开关要降低额定电流使用，否则会影响开关寿命。

5. 低压断路器

低压断路器又称自动空气开关，它相当于熔断器、刀开关、热继电器和欠压继电器的组合，是一种既能进行手动操作，又能自动进行欠压、失压、过载和短路保护的控制电器。

断路器结构有框架式（又称万能式）、塑料外壳式（又称装置式）和漏电保护式等。其结构如图2-4所示。框架式断路器为敞开式结构，适用于大容量配电装置。塑料外壳式断路器的特点是各部分元件均安装在塑料壳体内，具有良好的安全性，结构紧凑简单，可独立安装，常用作供电线路的保护开关和电动机或照明系统的控制开关，也广泛用于电气控制设备及在建筑物内做电源线路保护及对电动机进行过载和短路保护。

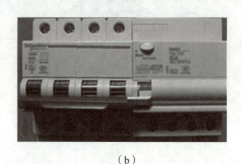

（a）　　　　　　　　　　　　　　　（b）

图2-4　断路器结构示意图
（a）断路器结构；（b）断路器外观

低压断路器一般由触点系统、灭弧系统、操作系统、脱扣器及外壳或框架等组成。各组成部分的作用如下：

①触点系统。触点系统用于接通和断开电路。触点的结构形式有对接式、桥式和插入式三种，一般采用银合金材料和铜合金材料制成。

②灭弧系统。灭弧系统有多种结构形式，采用的灭弧方式有窄缝灭弧和金属栅灭弧。

③操作机构。操作机构用于实现断路器的闭合与断开，有手动操作机构、电动操作结构和电磁操作机构等。

④脱扣机构。脱扣机构是断路器的感测元件，用来感测电路特定的信号（如过电压、过电流等）。电路一旦出现非正常信号，相应的脱扣器就会动作，通过联动装置使断路器自动跳闸而切断电路。

（1）低压断路器工作原理

低压断路器工作原理示意图、图形符号和文字符号如图2-5所示。

其工作原理分析如下：当主触点闭合后，若电路发生短路或过电流（电流达到或超过过电流脱扣器动作值）事故，过电流脱扣器的衔铁吸合，驱动自由脱扣器动作，主触点在弹簧的作用下断开；当电路过载时，热脱扣器的热元件发热，使双金属片产生足够的弯曲，推动自由脱扣器动作，从而使主触点断开，切断电路；当电源电压不足（小于欠电压脱扣器释放值）时，欠电压脱扣器的衔铁释放，使自由脱扣器动作，主触点断开，切断电路。分励脱扣器用于远距离切断电路，当需要分断电路时，按下分断按钮，分励脱扣器线圈通电，衔铁驱动自由脱扣器动作，使主触点断开而切断电路。

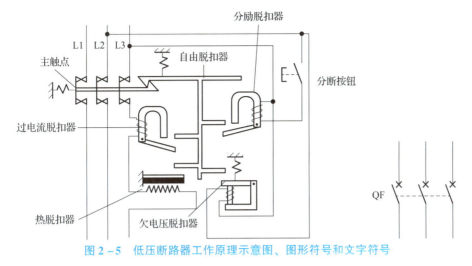

图 2 - 5 低压断路器工作原理示意图、图形符号和文字符号

（2）断路器的选用

①应根据具体使用条件和被保护对象的要求选择合适的类型。

②一般在电气设备控制系统中，常选用塑料外壳式或漏电保护式断路器；在电力网主干线路中主要选用框架式断路器；而在建筑物的配电系统中，则一般采用漏电保护式断路器。

③断路器的额定电压和额定电流应分别不小于电路额定电压和最大工作电流。

（3）安装维护方法

①断路器在安装前应将脱扣器电磁铁工作面的防锈油脂抹净，以免影响电磁机构的动作值。

②断路器应上端接电源，下端接负载。

③断路器与熔断器配合使用时，熔断器应尽可能装于断路器之前，以保证使用安全。

④脱扣器的整定值一经调好后就不允许随意更改，长时间使用后要检查其弹簧是否生锈卡住，以免影响其动作。

⑤断路器在分断短路电流后，应在切除上一级电源的情况下及时检查触点。若发现有严重的电灼痕迹，可用干布擦去；若发现触点烧毛，可用砂纸或细锉小心修整，但主触点一般不允许用锉刀修整。

⑥定期清除断路器上的积尘和检查各种脱扣器的动作值，操作机构在使用一段时间（1～2 年）后，在传动机构部分应加润滑油（小容量塑壳断路器不需要）。

⑦弧室在分断短路电流后，或较长时间使用后，应清除其内壁和栅片上的金属颗粒和黑烟灰，如灭弧室已破损，则绝不能再使用。

（4）注意事项

①确定断路器的类型后，再进行具体参数的选择。

②断路器的底板应垂直于水平位置，固定后应保持平整，倾斜度不大于5°。

③有接地螺钉的断路器应可靠连接地线。

④具有半导体脱扣装置的断路器，其接线端应符合相序要求，脱扣装置的端子应可靠连接。

（二）熔断器

熔断器是一种结构简单、使用方便、价格低廉的保护电器，广泛用于供电线路和电气设备的短路保护电路中。在使用时，熔断器串接在所保护的电路中，当电路发生短路或严重过载时，它的熔体能自动迅速熔断，从而切断电路，使导线和电气设备不致损坏。主要作用：在电路中起短路保护作用。

1. 熔断器的结构及类型

熔断器按其结构形式分为瓷插式、螺旋式、有填料密封管式、无填料密封管式等，其品种规格很多。熔断器的结构如图 2 - 6 所示。在电气控制系统中经常选用螺旋式熔断器，它有明显的分断指示，不用任何工具就可取下或更换熔体。最近推出的新产品有 RL9、RL7 系列，可以取代老产品 RL1、RL2 系列。RLS2 系列是快速熔断器，用以保护半导体硅整流元件及晶闸管，可取代老产品 RLS1 系列。

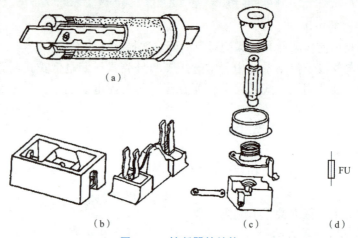

（a）

（b）　　　　　　　（c）　　　　（d）　FU

图 2 - 6　熔断器的结构

（a）管式熔断器；（b）瓷插式熔断器；（c）螺旋式熔断器；（d）熔断器图形符号及文字符号

（1）瓷插式熔断器

瓷插式熔断器也称为半封闭插入式熔断器，它主要由瓷体、瓷盖、静触点、动触点和熔丝等组成，熔丝安装在瓷插件内。熔丝通常用铅锡合金或铅锑合金等制成，也有的用铜丝做熔丝。瓷插式熔断器的结构如图 2 - 7 所示。

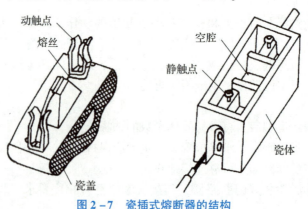

动触点

熔丝

空腔

静触点

瓷体

瓷盖

图 2 - 7　瓷插式熔断器的结构

瓷座中部有一空腔，与瓷盖凸出部分组成灭弧室。60 A 以上的瓷插式熔断器空腔中还垫有纺织石棉层，用以增强灭弧能力。该系列熔断器具有结构简单、价格低廉、体积小、带电更换熔丝方便等优点，且具有较好的保护特性，主要用于交流 400 V 以下的照明电路中做保护电器。但其分断能力较小，电弧较大，只适用于小功率负载的保护。常用的型号有 RC1A 系列，其额定电压为 380 V，额定电流有 5 A、10 A、15 A、30 A、60 A、100 A 和 200 A 七个等级。

（2）螺旋式熔断器

螺旋式熔断器主要由瓷帽、熔断管、瓷套、上接线盒、下接线座和瓷座等组成，熔丝安装在熔断体的瓷质熔管内，熔管内部填充灭弧作用的石英砂。熔断体自身带有熔体熔断指示装置。螺旋式熔断器是一种有填料的封闭管式熔断器，结构较瓷插式熔断器复杂，其结构如图 2 - 8 所示。

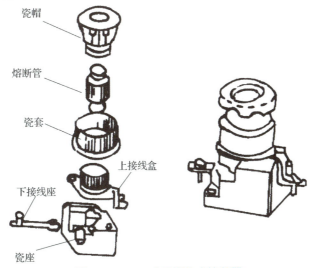

图 2 - 8　RL1 系列螺旋式熔断器

（3）有填料封闭管式熔断器

有填料封闭管式熔断器的结构如图 2 - 9 所示。它由瓷底座、熔断体两部分组成，熔体安放在瓷质熔管内，熔管内部充满石英砂做灭弧用。

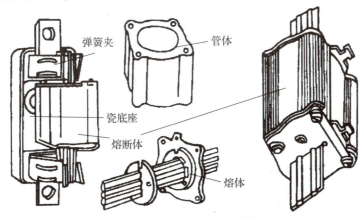

图 2 - 9　有填料封闭管式熔断器的结构

（4）无填料封闭管式熔断器

这种熔断器主要用于低压电力网及成套配电设备中。无填料封闭管式熔断器由插座、熔断管和熔体等组成。主要型号有 RM10 系列。

2. 熔断器主要参数及选择

（1）额定电压

这是从灭弧角度出发，规定熔断器所在电路工作电压的最高限额。如果线路的实际电压超过熔断器的额定电压，一旦熔体熔断，则有可能发生电弧不能及时熄灭的现象。

（2）额定电流

额定电流实际上是指熔座的额定电流，这是由熔断器长期工作所允许的温升决定的电流值。配用的熔体的额定电流应小于或等于熔断器的额定电流。

（3）熔体额定电流

熔体额定电流是指熔体长期通过此电流而不熔断的最大电流。生产厂家生产不同规格（额定电流）的熔体供用户选择使用。

（4）极限分断能力

极限分断能力是指熔断器所能分断的最大短路电流值。分断能力的大小与熔断器的灭弧能力有关，而与熔断器的额定电流值无关。熔断器的极限分断能力必须大于线路中可能出现的最大短路电流值。

（5）熔断器选择

①熔断器的选择包括种类的选择和额定参数的选择。

②熔断器的种类选择应根据各种常用熔断器的特点、应用场所及实际应用的具体要求来确定。熔断器在使用中选用恰当，才能既保证电路正常工作又能起到保护作用。

③在选用熔断器的具体参数时，应使熔断器的额定电压大于或等于被保护电路的工作电压；其额定电流大于或等于所装熔体的额定电流，见表 2-1。

表 2-1　RL 系列熔断器技术数据

型号	熔断器额定电流/A	可装熔丝的额定电流/A	型号	熔断器额定电流/A	可装熔丝的额定电流/A
RL15	15	2、4、5、6、10、15、	RL100	100	60、80、100
RL60	60	20、25、30、35、40、50、60	RL200	200	100、125、150、200

④熔体的额定电流是指相当长时间流过熔体而不熔断的电流。额定电流值的大小与熔体线径的粗细有关，熔体线径越粗额定电流值越大。表 2-2 中列出了熔体熔断的时间数据。

表 2-2　熔体熔断时间

熔断电流倍数	1.23～1.30	1.6	2	3	4	8
熔断时间	∞	1 h	40 s	4.5 s	2.5 s	瞬时

⑤用于电炉、照明等阻性负载电路的短路保护时，熔体额定电流不得小于负载额定电流。

⑥用于单台电动机短路保护时,熔体额定电流 = (1.3~2.5) × 电动机额定电流。

⑦用于多台电动机短路保护时,熔体额定电流 = (1.3~2.5) × 容量最大的一台电动机的额定电流 + 其余电动机额定电流总和。

3. 熔断器安装方法

①装配熔断器前应检查熔断器的各项参数是否符合电路要求。

②安装熔断器时必须在断电情况下操作。

③安装时熔断器必须完整无损,接触紧密可靠。

④熔断器应安装在线路的各相线(火线)上,在三相四线制的中性线上严禁安装熔断器,在单相二线制的中性线上应安装熔断器。

⑤螺旋式熔断器在接线时,为了更换熔断管时的安全,下接线端应接电源,而连接螺口的上接线端应接负载。

(三) 交流接触器

接触器是一种通用性很强的自动电磁式开关电器,是电力拖动与自动控制系统中一种重要的低压电器。它可以频繁地接通和分断交、直流主电路及大容量控制电路。其主要控制对象是电动机,也可用于控制其他设备,如电焊机、电阻炉和照明器具等电力负载。它利用电磁力的吸合和反向弹簧力作用使触点闭合和分断,从而使电路接通或断开。它具有欠电压释放保护及零压保护,控制容量大,可运用于频繁操作和远距离控制,且工作可靠,寿命长,性能稳定,维护方便,接触器不能切断短路电流,因此通常需与熔断器配合使用。

接触器按主触点通过的电流种类,分为交流接触器和直流接触器两种。

1. 交流接触器结构及工作原理

交流接触器由电磁系统、触点系统和灭弧系统三部分组成。交流接触器的工作原理是当线圈通电后,静铁芯产生电磁力将衔铁吸合,衔铁带动触点系统动作,使常闭触点断开,常开触点闭合。当线圈断电时,电磁吸引力消失,衔铁在弹簧的作用下释放,触点系统随之复位。图2-10所示为交流接触器的外形结构和工作原理,图2-11所示为图形符号与文字符号。

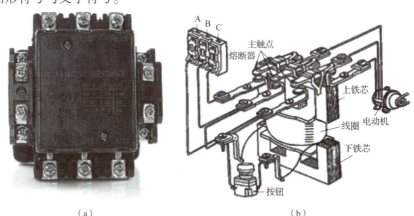

（a）　　　　　　　　　　　　　　（b）

图2-10　交流接触器

（a）外形结构；（b）工作原理

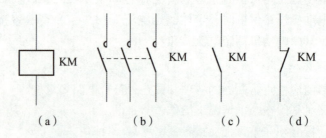

图 2 – 11　交流接触器的图形符号和文字符号
（a）线圈；（b）主触点；（c）辅助常开触点；（d）辅助常闭触点

（1）电磁系统

电磁系统是接触器的重要组成部分，它由线圈、铁芯（静触点）和衔铁（动触点）三部分组成，其作用是利用电磁线圈的通电或断电，使衔铁和铁芯吸合或释放，从而带动动触点与静触点接通或断开，实现接通或断开电路的目的。

交流接触器的线圈是由漆包线绕制而成的，是为了减少铁芯中的涡流损耗，避免铁芯过热。交流接触器的铁芯和衔铁一般用 E 形硅钢片叠压铆成。同时交流接触器为了减少吸合时的振动和噪声，在铁芯上装有一个短路的铜环作为减震器，使铁芯中产生了不同相位的磁通量，以减少交流接触器吸合时的振动和噪声。

（2）触点系统

触点系统按照接触面积的大小可分为点接触、线接触和面接触。

触点系统用来直接接通和分断所控制的电路，根据用途不同，接触器的触点分主触点和辅助触点两种。主触点通常为三对，构成三个常开触点，用于通断主电路，通过的电流较大，接在电动机主电路中。辅助触点一般有常开、常闭触点各两对，用在控制电路中起电气自锁和互锁作用。辅助触点通过的电流较小，通常接在控制回路中。

（3）电弧的产生与灭弧装置

如果电路中的电压超过 10 ~ 12 V 和电流超过 80 ~ 100 mA，则在动、静触点分离时在它们的气隙中间就会产生强烈的火花，通常称为"电弧"。电弧是一种高温高热的气体放电现象，其结果会使触点烧蚀，缩短使用寿命，因此通常要设灭弧装置，常采用的灭弧方法和灭弧装置有以下几种。

①电动力灭弧。电弧在触点回路电流磁场的作用下，受到电动力作用拉长，并迅速离开触点而熄灭，如图 2 – 12（a）所示。

②纵缝灭弧。电弧在电动力的作用下，进入由陶土或石棉水泥制成的灭弧室窄缝中，电弧与室壁紧密接触，被迅速冷却而熄灭，如图 2 – 12（b）所示。

③栅片灭弧。电弧在电动力的作用下，进入由许多定间隔的金属片所组成的灭弧栅中，电弧被栅片分割成若干段短弧，使每段短弧上的电压达不到燃弧电压，同时栅片具有强烈的冷却作用，致使电弧迅速降温而熄灭，如图 2 – 12（c）所示。

④磁吹灭弧。灭弧装置设有与触点串联的磁吹线圈，电弧在吹弧磁场的作用下受力拉长，吹离触点，加速冷却而熄灭，如图 2 – 12（d）所示。

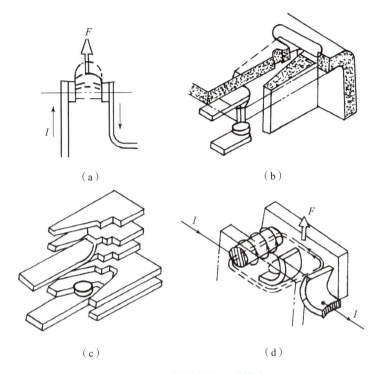

（a）　　　　　　　　　　　（b）

（c）　　　　　　　　　　　（d）

图 2 – 12　接触器的灭弧措施

（a）电动力灭弧；（b）纵缝灭弧；（c）栅片灭弧；（d）磁吹灭弧

2. 交流接触器的基本技术参数及选择

（1）额定电压

接触器额定电压是指主触点上的额定电压。其电压等级为：

交流接触器：220 V、380 V、500 V。

直流接触器：220 V、440 V、660 V。

（2）额定电流

接触器额定电流是指主触点的额定电流。其电流等级为：

交流接触器：10 A、15 A、25 A、40 A、60 A、150 A、250 A、400 A、600 A，最高可达 2 500 A。

直流接触器：25 A、40 A、60 A、100 A、150 A、250 A、400 A、600 A。

（3）线圈额定电压

其电压等级为：

交流线圈：36 V、110 V、127 V、220 V、380 V。

直流线圈：24 V、48 V、110 V、220 V、440 V。

（4）额定操作频率

额定操作频率即每小时通断次数。交流接触器可高达 6 000 次/h，直流接触器可达 1 200 次/h。电气寿命达 500 万 ~ 1 000 万次。

（5）类型选择

根据所控制的电动机或负载电流类型来选择接触器类型，交流负载应采用交流接触器，直流负载应采用直流接触器。

（6）主触点额定电压和额定电流选择

接触器主触点的额定电压应大于或等于负载电路的额定电压；主触点的额定电流应大于负载电路的额定电流，或者根据经验公式计算，计算公式如下：

$$I_\mathrm{C} = P_\mathrm{N} \times 10^3 / (KU_\mathrm{N})（适用于 CJ0、CJ10 系列）$$

式中　K——经验系数，一般取 1.0 ~ 1.4；

　　　P_N——电动机额定功率（kW）；

　　　U_N——电动机额定电压（V）；

　　　I_C——接触器主触点电流（A）。

如果接触器控制的电动机启动、制动或正反转较频繁，则一般将接触器主触点的额定电流降一级使用。

（7）线圈电压选择

接触器线圈的额定电压不一定等于主触点的额定电压，从人身和设备安全角度考虑，线圈电压可选择低一些；但当控制线路简单、线圈功率较小时，为了节省变压器，可选 220 V 或 380 V。

（8）接触器操作频率选择

操作频率是指接触器每小时通断的次数。当通断电流较大及通断频率过高时，会引起触点过热，甚至熔焊。操作频率若超过规定值，则应选用额定电流大一级的接触器。

（9）触点数量及触点类型的选择

通常接触器的触点数量应满足控制支路数的要求，触点类型应满足控制线路的功能要求。

（四）热继电器

热继电器是专门用来对连续运行的电动机进行过载保护，以防止电动机过热而烧毁的保护电器。常用的热继电器有由两个热元件组成的两相结构和由三个热元件组成的三相结构两种形式。两相结构的热继电器主要由热元件、主双金属片动作机构、触点系统、电流整定装置、复位机构和温度补偿元件等组成，如图 2-13 所示。

1. 热元件

热元件是热继电器接收过载信号的部分，它由双金属片及绕在双金属片外面的绝缘电阻丝组成。双金属片由两种热膨胀系数不同的金属片复合而成，如铁-镍-铬合金和铁-镍合金。电阻丝用康铜和镍铬合金等材料制成，使用时串联在被保护的电路中。当电流通过热元件时，热元件对双金属片进行加热，使双金属片受热弯曲。热元件对双金属片加热的方式有三种：直接加热、间接加热和复式加热，如图2-14 所示。

（1）触点系统

触点系统一般配有一组切换触点，可形成一个动合触点和一个动断触点。

（2）动作机构

动作机构由导板、补偿双金属片、推杆、杠杆及拉簧等组成，用来补偿环境温度的影响。

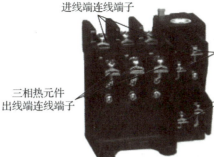

三相热元件
进线端连线端子

95、96为一对
常闭触点
接线端子

三相热元件
出线端连线端子

97、98为一对
常开触点
接线端子

（a）

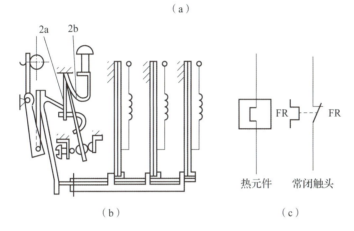

（b） （c）

热元件 常闭触头

图2-13 JR16系列热继电器

（a）实物；（b）结构；（c）符号

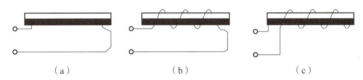

（a） （b） （c）

图2-14 热继电器双金属片加热方式示意图

（a）直接加热；（b）间接加热；（c）复式加热

（3）复位按钮

热继电器动作后的复位有手动复位和自动复位两种，手动复位的功能由复位按钮来完成，自动复位的功能由双金属片冷却自动完成，但需要一定的时间。

（4）整定电流装置

整定电流装置由旋钮和偏心轮组成，用来调节整定电流的数值。热继电器的整定电流是指热继电器长期不动作的最大电流值，超过此值就要动作。

2. 工作原理

由图2-15所示的JR19系列热继电器结构原理可知，它主要由双金属片、热元件、动作机构、触点系统、整定调整装置及手动复位装置等组成。双金属片作为温度检测元件，由两种膨胀系数不同的金属片压焊而成，它被热元件加热后，因两层金属片伸长率不同而弯曲。

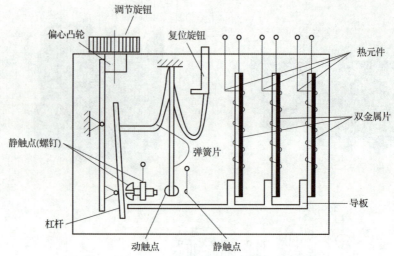

图 2-15　JR19 系列热继电器结构原理示意图

　　将热继电器的三相热元件分别串接在电动机三相主电路中,当电动机正常运行时,热元件产生的热量不会使触点系统动作;当电动机过载时,流过热元件的电流加大,经过一定的时间,热元件产生的热量使双金属片的弯曲程度超过一定值,通过导板推动热继电器的触点动作(常开触点闭合,常闭触点断开)。通常用热继电器串接在接触器线圈电路的常闭触点来切断线圈电流,使电动机主电路失电。故障排除后,按手动复位按钮,热继电器触点复位,可以重新接通控制电路。

3. 热继电器主要参数

　　热继电器的主要参数包括热继电器额定电流、相数、热元件额定电流、整定电流及调节范围等。

　　热继电器的额定电流是指热继电器中可以安装的热元件的最大整定电流值。

　　热继电器的整定电流是指热元件能够长期通过而不致引起热继电器动作的最大电流值。通常热继电器的整定电流是按电动机的额定电流整定的。对于某一热元件的热继电器,可手动调节整定电流旋钮,通过偏心轮机构调整双金属片与导板的距离,能在一定范围内调节其电流的整定值,使热继电器更好地保护电动机。

4. 热继电器的选用

　　①热继电器种类的选择:应根据被保护电动机的连接形式进行选择。当电动机为星形连接时,选用两相或三相热继电器均可进行保护;当电动机为三角形连接时,应选用三相差分放大机构的热继电器进行保护。

　　②热继电器主要根据电动机的额定电流来确定其型号和使用范围。

　　③热继电器额定电压选用时要求额定电压大于或等于触点所在线路的额定电压。

　　④热继电器额定电流选用时要求额定电流大于或等于被保护电动机的额定电流。

　　⑤热元件规格用电流值选用时一般要求其电流规格小于或等于热继电器的额定电流。

　　⑥热继电器的整定电流要根据电动机的额定电流、工作方式等确定。一般情况下

可按电动机额定电流值整定。

⑦对过载能力较差的电动机，可将热元件整定值调整到电动机额定电流的 60% ~ 80%。对启动时间较长，拖动冲击性负载或不允许停车的电动机，热元件的整定电流应调节到电动机额定电流的 1.1 ~ 1.15 倍。

⑧对于重复短时工作制的电动机（如起重电动机等），由于电动机不断重复升温，热继电器双金属片的温升跟不上电动机绕组的温升变化，因而电动机将得不到可靠保护，故不宜采用双金属片式热继电器做过载保护。

热继电器的主要产品型号有 JR20、JRS1、JR0、JR10、JR14 和 JR15 等系列；引进产品有 T 系列、3mA 系列和 LR1—D 系列等。

5. 热继电器的安装

①热继电器安装接线时，应清除触点表面污垢，以避免因电路不通或接触电阻加大而影响热继电器的动作特性。

②如电动机启动时间过长或操作次数过于频繁，则有可能使热继电器误动作或烧坏热继电器，因此这种情况一般不用热继电器做过载保护，如仍用热继电器，则应在热元件两端并接一副接触器或继电器的常闭触点，待电动机启动完毕，使常闭触点断开后，再将热继电器投入工作。

③热继电器周围介质的温度，原则上应和电动机周围介质的温度相同，否则，势必要破坏已调整好的配合情况。当热继电器与其他电器安装在一起时，应将它安装在其他电器的下方，以免其动作特性受到其他电器发热的影响。

（五）按钮

按钮是一种短时接通或断开小电流电路的手动电器，常用于控制电路中发出启动或停止等指令，以控制接触器、继电器等电器的线圈电流的接通或断开，再由它们去接通或断开主电路。

1. 按钮开关结构

按钮的图形符号、结构原理示意图及外形如图 2 - 16 所示。它是由按钮帽、复位弹簧、桥式动触点、静触点和外壳等组成的。其触点允许通过的电流很小，一般不超过 5 A。

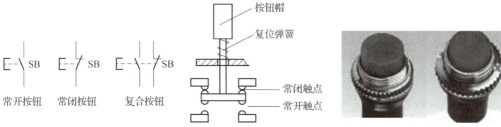

图 2 - 16　按钮的图形符号、结构原理示意图及外形

常开按钮（启动按钮）：手指未按下时，触点是断开的；手指按下时，触点接通；手指松开后，在复位弹簧作用下触点又返回原位断开。它常用作启动按钮。

常闭按钮（停止按钮）：手指未按下时，触点是闭合的；手指按下时，触点被断开；手指松开后，在复位弹簧作用下触点又返回原位闭合。它常用作停止按钮。

复合按钮：将常开按钮和常闭按钮组合为一体。手指按下时，其常闭触点先断开，然后常开触点闭合；手指松开后，在复位弹簧作用下触点又返回原位。它常用在控制电路中做电气联锁。

为便于识别各个按钮的作用，避免误操作，通常在按钮帽上做出不同标记或涂上不同颜色，如蘑菇形表示急停按钮，红色表示停止按钮，绿色表示启动按钮。

2. 按钮的选用

①根据使用场合选择按钮的种类，如开启式、保护式、防水式和防腐式等。

②根据用途选用合适的形式，如手把旋钮式、钥匙式、紧急式和带灯式等。

③按照控制回路的需要，确定不同的按钮数，如单钮、双钮、三钮和多钮等。

④按照工作状态指示和工作情况要求，选择按钮和指示灯的颜色（参照国家有关标准）。

⑤核对按钮额定电压、电流等指标是否满足要求。

3. 按钮的安装

①按钮安装在面板上时，应布置合理，排列整齐。可根据生产机械或机床启动、工作的先后顺序，从上到下或从左至右依次排列。如果它们有几种工作状态，如上、下，前、后，左、右，松、紧等，则应使每一组正反状态的按钮安装在一起。

②在面板上固定按钮时，安装应牢固，停止按钮用红色，启动按钮用绿色或黑色，按钮较多时，应在显眼且便于操作处用红色蘑菇头设置总停按钮，以应付紧急情况。

4. 注意事项

①由于按钮的触点间距较小，有油污时极易发生短路故障，因此使用时应经常保持触点间的清洁。

②用于高温场合时，塑料容易变形老化，导致按钮松动，引起接线螺钉间相碰短路，在安装时可视情况再多加一个紧固垫圈并压紧。

③带指示灯的按钮由于灯泡要发热，时间长时易使塑料灯罩变形，造成调换灯泡困难，因此不宜用作长时间通电按钮。

（六）电气系统图的基本知识

电气控制系统是由许多电气元器件按一定要求连接而成的。为了便于电气控制系统的设计、分析、安装、使用和维修，需要将电气控制系统中各电气元器件及其连接，用一定的图形表达出来，这种图形就是电气控制系统图。

电气控制系统图有三类：电气原理图、电气元器件布置图和电气安装接线图。

1. 电气图的图形符号、文字符号及接线端子标记

电气控制系统图中，电气元器件必须使用国家统一规定的图形符号和文字符号。采用国家最新标准，即 GB/T 4728.1～5—2008、GB/T 4728.6～13—2008、GB/T 5465.1—2009《电气设备用图形符号第 1 部分：概述与分类》、GB/T 5465.2—2008《电气设备用图形符号第 2 部分：图形符号》。

接线端子标记采用 GB/T 4026—2019《人机界面标志标识的基本方法和安全规则设

备端子和导体终端标识及字母数字系统的应用通则》，并按照 GB/T 698.1—2008《电气制图》系列标准的要求来绘制电气控制系统图。

（1）图形符号

图形符号通常用于图样或其他文件，用以表示一个设备或概念的图形、标记或字符。电气控制系统图中的图形符号必须按国家标准绘制。附录 B 给出了电气控制系统的部分图形符号。图形符号含有符号要素、一般符号和限定符号。

①符号要素：一种具有确定意义的简单图形，必须同其他图形组合才构成一个设备或概念的完整符号。如接触器常开主触点的符号就由接触器触点功能符号和常开触点符号组合而成。

②一般符号：用以表示一类产品和此类产品特征的一种简单符号，如电动机可用一个圆圈表示。

③限定符号：用于提供附加信息的一种加在其他符号上的符号。运用图形符号绘制电气系统图时应注意以下几点：

a. 符号尺寸大小、线条粗细依国家标准可放大与缩小，但在同一张图样中，同一符号的尺寸应保持一致，各符号间及符号本身比例应保持不变。

b. 标准中表示出的符号方位，在不改变符号含义的前提下，可根据图面布置的需要旋转或成镜像位置，但文字和指示方向不得倒置。

c. 大多数符号都可以加上补充说明标记。

d. 有些具体器件的符号由设计者根据国家标准的符号要素、一般符号和限定符号组合而成。

e. 国家标准未规定的图形符号，可根据实际需要，按突出特征、结构简单、便于识别的原则进行设计，但需要报国家标准局备案。当采用其他来源的符号或代号时必须在图解和文字上说明其含义。

（2）文字符号

文字符号适用于电气技术领域中技术文件的编制，也可表示在电气设备、装置和元器件上或其近旁以标明它们的名称、功能、状态和特征。

文字符号分为基本文字符号和辅助文字符号。常用文字符号见附录 B。

①基本文字符号：基本文字符号有单字母符号和双字母符号两种。单字母按拉丁字母顺序将各种电气设备、装置和元器件划分为 23 大类，每一类用一个专用单字母符号表示，如"C"表示电容，"M"表示电动机等。双字母符号由一个表示种类的单字母符号与另一个字母组成，且以单字母符号在前，另一个字母在后的次序表示，如"QF"表示保护器件类，"FU"则表示熔断器，"FR"表示具有延时动作的限流保护器件。

②辅助文字符号：辅助文字符号是用来表示电气设备、装置和元器件以及电路的功能、状态和特征的。如"RD"表示红色，"SP"表示压力传感器，"YB"表示电磁制动器等。辅助文字符号还可以单独使用，如"ON"表示接通，"N"表示中性线等。

③补充文字符号的原则：当规定的基本文字符号和辅助文字符号不够使用时，可按国家标准中文字符号组成的规律和下述原则予以补充。

a. 在不违背国家标准文字符号编制原则的条件下，可采用国家标准中规定的电气技术文字符号。

b. 在优先采用基本文字和辅助文字符号的前提下，可补充国家标准中未列出的双字母文字符号和辅助文字符号。

c. 使用文字符号时，应按电气名词术语国家标准或专业技术标准中规定的英文术语缩写而成。

d. 基本文字符号不得超过两位字母，辅助文字符号一般不得超过三位字母。文字符号采用拉丁字母大写正体字，且拉丁字母中"I"和"O"不允许单独作为文字符号使用。

（3）电路和三相电气设备各端子的标记

电路采用字母、数字、符号及其组合标记。

三相交流电源相线采用 L1、I2、L 标记，中性线采用 N 标记。

电源开关之后的三相交流电源主电路分别按 U、V、W 顺序标记。分级三相交流电源主电路采用三相文字代号 U、V、W 后加上阿拉伯数字 1、2、3 等来标记，如 U1、V1、W1，U2、V2、W2 等。

各电动机分支电路各接点标记，采用三相文字代号后面加数字来表示，数字中的个位数表示电动机代号，十位数表示该支路各接点的代号，从上到下按数字大小顺序标记。如 U11 表示 M1 电动机第一相的第一个接点代号，U21 为第一相的第二个接点代号，以此类推。电动机绕组首端分别用 U、V、W 标记，末端分别用 U′、V′、W′标记，双绕组的中点用 U″、V″、W″标记。

控制电路采用阿拉伯数字编号，一般由 3 位或 3 位以下的数字组成。标记方法按"等电位"原则进行。在垂直绘制的电路中，标号顺序一般由上而下编号，凡是被线圈、绕组、触点或电阻、电容元件所间隔的电路，都应标以不同的电路标记。

2. 电气控制系统图的绘制

（1）电气原理图

电气原理图是为了便于阅读和分析控制电路，根据简单清晰的原则，采用电气元器件展开的形式绘制成的表示电气控制电路工作原理的图形。在电气原理图中只包括所有电气元器件的导电部件和接线端点之间的相互关系，但并不按照各电气元器件的实际布置位置和实际接线情况来绘制，也不反映电气元器件的大小。下面结合图 2–17 所示 CW6132 型普通车床电气原理图说明绘制电气原理图的基本规则和应注意的事项。

绘制电气原理图的基本规则：

①原理图一般分主电路和辅助电路两部分画出。主电路就是从电源到电动机绕组的大电流通过的路径。辅助电路包括控制电路、信号电路及保护电路等，由继电器的线圈和触点、接触器的线圈和辅助触点、按钮、照明灯及控制变压器等元器件组成。一般主电路用粗实线表示，画在左边（或上部）；辅助电路用细实线表示，画在右边（或下部）。

②在原理图中，各电气元器件不画实际的外形图，而采用国家规定的统一标准来画，文字符号也要符合国家标准。属于同一电器的线圈和触点，都要用同一文字符号表示。当使用相同类型元器件时，可在文字符号后面加注阿拉伯数字序号来区分。

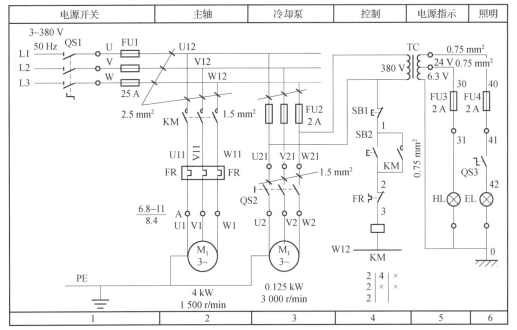

图 2-17 CW6132型普通车床电气原理图

③原理图中直流电源用水平线画出，一般正极线画在上方，负极线画在下方。三相交流电源线集中画在上方，相序自上而下按 L1、L2、L3 排列，中性线和保护接地线（PE 线）排在相线之下。主电路垂直于电源线画出，控制电路与信号电路垂直在两条水平电源线之间。耗能元件（如接触器、继电器的线圈、电磁铁线圈、照明灯及信号灯等）直接与下方水平电源线相接，控制触点接在上方电源水平线与耗能元器件之间。

④原理图中，各电气元器件的导电部件如线圈和触点的位置，应根据便于阅读和发现的原则来安排，绘在它们完成作用的地方。同电气元器件的各个部件可以不画在一起。

⑤原理图中所有电气的触点，都按没有通电或没有外力作用时的开闭状态画出。例如，继电器、接触器的头，按线未通电时的状态画；按钮、行程开关的触点按不受外力作用时的状态画出；对于断路器和开关电器的触点，是按断开状态画；控制器按手柄处于零位时的状态画等。

⑥当电气触点的图形符号垂直放置时，以"左开右闭"原则绘制，即垂线左侧的触点为常开触点，垂线右侧的触点为常闭触点；当符号为水平放置时，以"上闭下开"原则绘制，即在水平线上方的触点为常闭触点，水平线下方的触点为常开触点。

⑦原理图中，无论是主电路还是辅助电路，各电气元器件一般应按动作顺序从上到下、从左到右依次排列，可水平布置或垂直布置。

原理图中，对于需要调试和拆接的外部引线端子，采用"空心圆"表示；有直接电连接的导线连接点，用"实心圆"表示；无直接电连接的导线交叉点不画圆点。

a. 图面区域的划分。在原理图上方将图分成若干图区，并标明该区电路的用途与作用。原理图下方的数字 1、2、3 是图区编号，它是为便于检索电气电路、方便阅读分析设置的继电器、接触器的线圈与触点对应位置的索引。电气原理图中，在继电器、接触器线圈下方注有该继电器、接触器相应触点所在图中位置的索引代号，索引代号用图面区域号表示。对于接触器，其中左栏为常开主触点所在的图区号，中间栏为常开辅助触点的图区号，右栏为常闭辅助触点的图区号；对于继电器，左栏为常开触点的图区号，右栏为常闭触点的图区号。无论接触器还是继电器，对未使用的触点均用"x"表示，有时也可省略。

b. 技术数据的标注。在电气原理图中还应标注各电气元器件的技术数据，如熔断器熔体的额定电流、热继电器的动作电流范围及其整定值、导线的截面积等。

（2）电气元器件布置图

电气元器件布置图主要用来表示各种电气设备在机械设备上和电气控制柜中的实际安装位置，为机械电气控制设备的制造、安装及维修提供必要的资料。各电气元器件的安装位置是由机床的结构和工作要求来决定的，如电动机要和被拖动的机械部件在一起，行程开关应放在要取得信号的地方，操作元件要放在操作台及悬挂操纵箱等操作方便的地方，一般电气元器件应放在控制柜内。

机床电气元器件布置图主要由机床电气设备布置图、控制柜及控制板电气设备布置图、操作台及悬挂操纵箱电气设备布置图等组成。在绘制电气设备布置图时，所有能见到的以及需表示清楚的电气设备均用粗实线绘制出简单的外形轮廓，其他设备（如机床）的轮廓用双点划线表示。

（3）电气安装接线图

电气安装接线图是为了安装电气设备和电气元器件时进行配线或检查维修电气控制电路故障服务的。在图中要表示电气设备之间的实际接线情况，并标注出外部接线所需的数据。在接线图中各电气元器件的文字符号、元器件连接顺序及电路号码编制都必须与电气原理图一致。

图2-18是根据图2-17所示电气原理图绘制的安装接线图。图中表明了该电气设备中电源进线按钮板、照明灯及电动机与电气安装板接线端之间的关系，并标注了连接导线的根数和截面积。

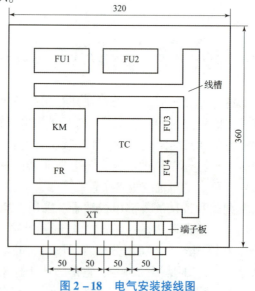

图2-18 电气安装接线图

（七）三相异步电动机单向连续运行控制

1. 单向点动控制电路

所谓点动，即按下按钮时电动机转动工作，松开按钮时电动机停止工作。

单向点动控制电路是用按钮、接触器来控制电动机运转的最简单的控制电路，如图 2 - 19 所示。

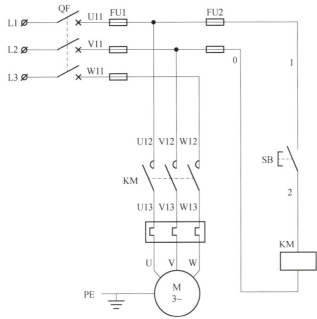

图 2 - 19　单向点动控制电路

启动：合上电源开关 QF，按下启动按钮 SB→接触器 KM 线圈得电→KM 主触点闭合→电动机 M 启动运行。

停止：松开按钮 SB→接触器 KM 线圈失电→KM 主触点断开→电动机 M 失电停转。

停止使用时：断开电源开关 QF。

2. 单向连续控制电路（启 - 保 - 停电路、长动控制电路）

在要求电动机启动后能连续运行时，采用上述点动控制电路就不行了。因为要使电动机 M 连续运行，启动按钮 SB 就不能断开，这是不符合生产实际要求的。为实现电动机的连续运行，可采用图 2 - 20 所示的接触器自锁正转控制电路。电路的工作原理如下：

启动：先合上电源开关 QF，按下启动按钮 SB1→KM 线圈得电，KM 主触点闭合，电动机 M 启动运行。

当松开 SB1，常开触点恢复分断后，因为接触器 KM 的常开辅助触点闭合时已将 SB1 短接，控制电路仍保持接通，所以接触器 KM 继续通电，电动机 M 实现连续运转。像这种当松开启动按钮 SB1 后，接触器 KM 通过自身常开触点而使线圈保持通电的作用叫作自锁（或自保持）。与启动按钮 SB1 并联起自锁作用的常开触点叫自锁触点（也称自保持触点）。

停止：按下停止按钮 SB2→KM 线圈失电，KM 自锁触点断开，KM 主触点断开→电动机 M 断电停转。

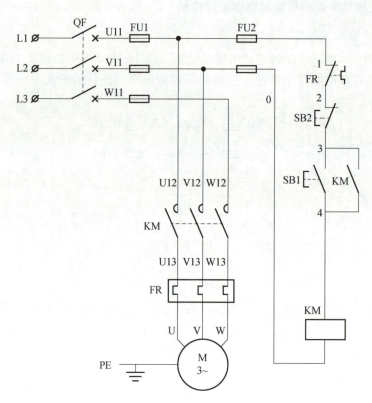

图 2 – 20　接触器自锁正转控制电路

图 2 – 20 所示的电路通常称为启（SB1）–保（KM）–停（SB2）电路，简称启 – 保 – 停电路。

三、实施任务

（一）训练目标

①熟悉常用低压电器的结构、型号规格、工作原理、安装方法及其在电路中所起的作用。

②练习电动机控制电路的接线步骤和安装方法。

③加深对三相笼型异步电动机单向点动与连续运行控制电路工作原理的理解。

（二）所需设备和器材

本任务所需设备和器材见表 2 – 3。

表 2 – 3　本任务所需设备和器材

序号	名称	符号	技术参数	数量	备注
1	三相鼠笼式异步电动机	M	YS6324 – 180W/4	1 台	表中所列元件及器材仅供参考
2	三相隔离开关	QS	HZ10 – 25/3	1 只	
3	交流接触器	KM	CJ10 – 20	1 个	

序号	名称	符号	技术参数	数量	备注
4	按钮	SB	LA4－3H（3个复合按钮）	1 个	
5	熔断器	FU	RL1－15（2 A 熔体）	5 只	
6	热继电器	FR	JR36	1 只	
7	接线端子		JF3－10A	若干	
8	塑料线槽		35 mm×30 mm	若干	
9	电器安装板（电器柜）		500 mm×600 mm×20 mm	1	表中所列元件及器材仅供参考
10	导线		BR1.5、BVR1 mm²	若干	
11	线号管		与导线直径相符	若干	
12	常用电工工具			1 套	
13	螺钉			若干	
14	数字式万用表			1 只	
15	绝缘电阻表			1 只	
16	钳形电流表			1 只	

（三）实施步骤

①认真阅读三相异步电动机单向连续运行控制电路图，理解电路的工作原理。

②认识和检查电气元器件。认识本实训所需电器，了解各电器的工作原理和各种电器的安装与接线，检查电器是否完好，熟悉各种电器型号、规格。

③电路安装。

a. 检查图 2－21 上标的线号。

b. 根据图 2－20 画出安装接线图，如图 2－21 所示，电器、线槽位置摆放要合理。

c. 安装电器与线槽。

d. 根据安装接线图正确接线，先接主电路，后接控制电路。主电路导线截面积视电动机容量而定，控制电路导线通常采用截面积为 1 mm³ 的铜线，主电路与控制电路导线需采用不同的颜色进行区分。导线要走线槽，接线端需套线号管，线号要与控制电路图一致。

④检查电路。电路接线完毕，首先清理板面杂物，进行自查，确认无误后请老师检查，得到允许方可通电试车。

⑤通电试车。

a. 合上电源开关 QS 接通电源，按下启动按钮 SB2，观察接触器 KM 的动作情况和电动机情况。

b. 按下停止按钮 SB2，观察电动机的停止情况，重复按 SB1 与 SB2，观察电动机运行情况。

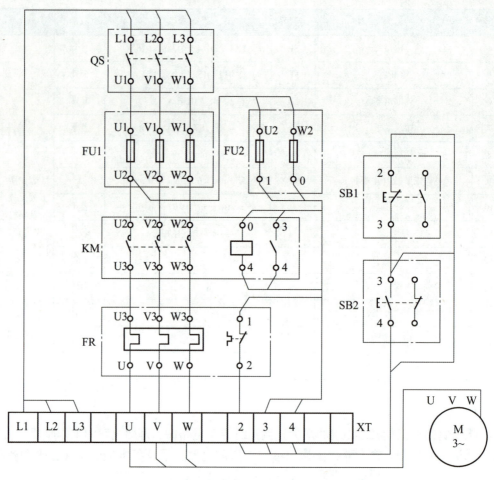

图 2 – 21　三相异步电动机单向连续运行安装接线图

c. 观察电路过载保护的作用，可以采用手动的方式断开热继电器 FR 的常闭触点，进行试验。

d. 通电过程中若出现异常现象，应切断电源，分析故障现象，并报告老师。检查故障并排除后，经老师允许继续进行通电试车。

e. 结束任务。任务完毕后，首先切断电源，确保在断电情况下拆除连接导线和电气元器件，清点设备与器材，交给老师检查。

（四）分析与思考

①在图 2 – 20 中按下启动按钮 SB1 电动机启动后，松开 SB1 电动机仍能继续运行，而在图 2 – 19 中，按下点动按钮 SB 电动机启动，松开点动按钮 SB 电动机停止，试说明其原因。

②电路中已安装熔断器，为什么还要用热继电器？是否重复？

四、考核任务

考核任务见表 2 – 4。

表 2－4　三相异步电动机单向连续运行考核表

评价内容	操作要求	评价标准	配分	扣分
电路图识读	1. 正确识别控制电路中各种电气元器件的符号及功能； 2. 正确分析控制电路工作原理	1. 电气元器件符号不认识，每处扣 1 分； 2. 电气元器件功能不知道，每处扣 1 分； 3. 电路工作原理分析不正确，每处扣 1 分	10	
装前准备	1. 器材齐全； 2. 电气元器件型号、规格符合要求； 3. 检查电气元器件外观、附件、备件； 4. 用仪表检查电气元器件质量	1. 器材缺少，每处扣 1 分； 2. 电气元器件型号、规格不符合要求，每只扣 1 分； 3. 漏检或错检，每处扣 1 分	10	
元器件安装	1. 按电气布置图安装； 2. 元器件安装牢固； 3. 元器件安装整齐、匀称、合理； 4. 不能损坏元器件	1. 不按布置图安装，该项不得分； 2. 元器件安装不牢固，每只扣 4 分； 3. 元器件布置不整齐、不匀称、不合理，每项扣 2 分； 4. 损坏元器件，该项不得分； 5. 元器件安装错误，每只扣 3 分	10	
导线连接	1. 按电路图或接线图接线； 2. 布线符合工艺要求； 3. 接点符合工艺要求； 4. 不损伤导线绝缘或线芯； 5. 套装编码套管； 6. 软线套线鼻； 7. 接地线安装	1. 未按电路图或接线图接线，扣 20 分； 2. 布线不符合工艺要求，每处扣 3 分； 3. 接点有松动、露铜过长、反圈、压绝缘层，每处扣 2 分； 4. 损伤导线绝缘层或线芯，每根扣 5 分； 5. 编码套管套装不正确或漏套，每处扣 2 分； 6. 不套线鼻，每处扣 1 分； 7. 漏接接地线，扣 10 分	20	
通电试车	在保证人身和设备安全的前提下，通电试验一次成功	1. 热继电器整定值错误或未整定，扣 5 分； 2. 主电路、控制电路配错熔体，各扣 5 分； 3. 验电操作不规范，扣 10 分； 4. 一次试车不成功扣 5 分，二次试车不成功扣 10 分，三次试车不成功扣 15 分	10	

评价内容	操作要求	评价标准	配分	扣分
工具、仪表使用	工具、仪表使用规范	1. 工具、仪表使用不规范，每次酌情扣 1~3 分； 2. 损坏工具、仪表，扣 5 分	10	
故障检修	1. 正确分析故障范围； 2. 查找故障并正确处理	1. 故障范围分析错误，从总分中扣 5 分； 2. 查找故障的方法错误，从总分中扣 5 分； 3. 故障点判断错误，从总分中扣 5 分； 4. 故障处理不正确，从总分中扣 5 分	5	
技术资料归档	技术资料完整并归档	技术资料不完整或不归档，酌情从总分中扣 3~5 分	15	
安全文明生产	1. 要求材料无浪费，现场整洁干净； 2. 工具摆放整齐，废品清理分类符合要求； 3. 遵守安全操作规程，不发生任何安全事故，如违反安全文明生产要求，酌情扣 3~40 分，情节严重者，可判本次技能操作训练为零分，甚至取消本次实训资格	10	
定额时间	180 min，每超时 5 min，扣 5 分			
开始时间		结束时间	实际时间	成绩

收获体会：

学生签名：　　　　　　年　月　日

教师评语：

教师签名：　　　　　　年　月　日

五、拓展知识——点动与连续混合控制

机床设备在正常运行时，一般电动机都处于连续运行状态。但在试车或调整刀具与工件的相对位置时，又需要电动机能点动控制，实现这种控制要求的电路是点动与连续混合控制的控制电路，如图 2 – 22 所示。

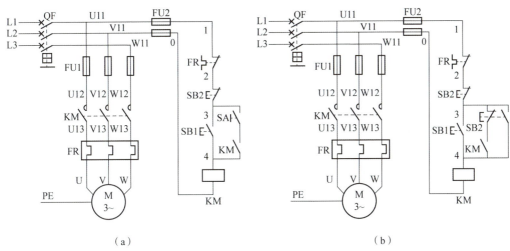

（ a ）   （ b ）

图 2 – 22　点动与连续混合控制

图 2 – 22（a）为开关选择的点动与连续运行控制电路，合上电源开关 QF，当选择开关 SA 断开时，按下按钮 SB1→KM 线圈得电→KM 主触点闭合→电动机 M 实现单向点动；如果 SA 闭合，按下按钮 SB1→KM 线圈得电并自锁→KM 主触点闭合→电动机 M 实现单向连续运行。

图 2 – 22（b）为按钮选择的单向点动与连续运行控制电路，在电源开关 QF 合上的条件下，按下 SB2，电动机 M 实现点动；按下 SB1，电动机则实现连续运行。

六、总结任务

本任务介绍了交流接触器、熔断器、热继电器及按钮等低压电器的结构、工作原理、符号、技术参数及选择方法，电气控制系统图的基本知识，电气控制电路安装的步骤和方法；学生在单向连续运行控制电路工作原理及相关知识学习的基础上，通过对电路的安装和调试操作，学会三相异步电动机单向连续控制电路安装与调试的基本技能，加深对理论知识的理解。

任务二　工作台自动往返控制电路的安装与调试

一、引入任务

生产机械中，有很多机械设备都需要往返运动。例如，平面磨床矩形工作台的往返加工运动，万能铣床工作台的左右运动、前后和上下运动，这都需要行程开关控制

电动机的正反转来实现。本任务主要讨论行程开关的结构技术参数、可逆运行控制电路分析及自动往返控制电路的安装与调试方法。

二、相关知识

（一）行程开关

行程开关又称限位开关，是一种小电流的控制器。它是根据运动部件的位置而切换的电器，可将机械信号转换为电信号，以实现对机械运动的控制，能实现运动部件极限位置的保护。它的作用原理与按钮类似，利用生产机械运动部件的碰压使其触点动作，从而将机械信号转变为电信号。使运动机械实现自动停止、反向运动、自动往复运动、变速运动等控制要求。

1. 结构

各系列行程开关的结构基本相同，主要由触点系统、操作机构和外壳组成。行程开关按其结构可分为按钮式（又称直动式）、旋转式（又称滚轮式）和微动式三种，如图 2-23（a）～图 2-23（c）所示。图形符号如图 2-24 所示。行程开关动作后，复位方式有自动复位和非自动复位两种。按钮式和单轮旋转式行程开关为自动复位式，双轮旋转式行程开关没有复位弹簧，在挡铁离开后不能自动复位，必须由挡铁从反方向碰撞后，开关才能复位。

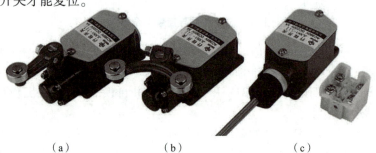

（a）　　　　　　　　（b）　　　　　　　　（c）

图 2-23　行程开关外形

（a）按钮式；（b）旋转式；（c）微动式

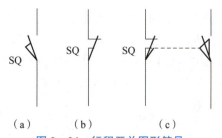

（a）　　　　（b）　　　　（c）

图 2-24　行程开关图形符号

（a）常开触点；（b）常闭触点；（c）复合触点

2. 行程开关的工作原理

当运动机械挡块压到滚轮上时，杠杆连同转轴一起转动，并推动撞块。当撞块被压到一定位置时，推动微动开关动作，使常开触点闭合，常闭触点断开。在当运动机械的挡铁离开后，复位弹簧使行程开关各部位部件恢复常态。

行程开关的触点动作方式有蠕动型和瞬动型两种。蠕动型触点的分合速度取决于挡铁的移动速度，当挡块移动速度低于 0.4 m/min 时，触点切换太慢，易受电弧烧灼，从而减少触点使用寿命，也影响动作的可靠性。为克服以上缺点，可采用具有快速换接动作机构的瞬动型触点。

（二）三相异步电动机正反转控制

在生产过程中，往往要求电动机能实现正、反两个方向的转动。由三相异步电动机的工作原理可知，只要将电动机接到三相电源中的任意两根连线对调，即可使电动机反转。为此，只要用两只交流接触器就能实现这一要求（如图 2−25 所示主电路）。如果这两个接触器同时工作，这两根对调的电源线将通过它们的主触点引起电源短路。所以，在正反转控制线路中，对实现正反转的两个接触器之间要互相联锁，保证它们不能同时工作。电动机的正、反转控制线路，实际上是由互相联锁的两个相反方向的单向运行线路组成的。图 2−26 给出了两种正、反转控制电路。

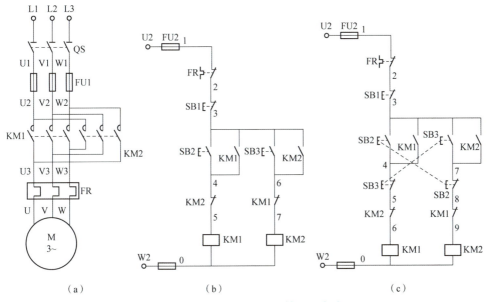

图 2−25　给出了两种正反转控制电路

（a）主电路；（b）电气联锁控制电路；（c）双重联锁控制电路

（1）电气联锁控制电路

图 2−25（b）是电动机"正—停—反"可逆控制电路，利用两个接触器的触点 KM1 和 KM2 相互制约，即当一个接触器通电时，利用其串联在对方接触器的线圈电路中的常闭触点的断开来锁住对方线圈电路。这种利用两个接触器的常闭辅助触点互相控制的方法称为"电气联锁"，起联锁作用的两对触点称为联锁触点。这种只有接触器联锁的可逆控制电路在正转运行时，要想反转必先停车，否则不能反转，因此叫作"正—停—反"控制电路。

电路的工作原理如下：

①启动控制。合上电源开关 QS，正向启动：按下启动按钮 SB2→KM1 线圈通电并自锁，其主触点闭合→电动机 M 定子绕组加正相序电源直接正向启动运行。

反向启动：按下启动按钮 SB3→KM1 线圈通电并自锁→其主触点闭合→电动机 M 定子绕组加反相序电源直接反向起动运行。

②停止控制。按下停止按钮 SB1→KM1（或 KM2）线圈断电→其主触点断开→电动机 M 定子绕组断电停转。

（2）双重联锁控制电路

图 2-25（c）是电动机"正—反—停"控制电路，采用两只复合按钮实现。在这个电路中，正转启动按钮 SB2 的常开触点用来使正转接触器 KM1 的线圈瞬时通电，其常闭触点则串联在反转接触器 KM2 线圈的电路中，用来锁住 KM2。反转启动按钮 SB3 也按 SB2 的相同方法连接，当按下 SB2 或 SB3 时，首先是常闭触点断开，然后才是常开触点闭合。这样在需要改变电动机运动方向时，就不必按 SB1 停止按钮了，可直接操作正反转按钮即能实现电动机可逆运转。这种将复合按钮的常闭触点串接在对方接触器线圈电路中所起的联锁作用称为按钮联锁，又称为机械联锁。

电路的工作原理如下：

①启动控制。合上电源开关 QS，正向启动：按下启动按钮 SB2→其常闭触点断开，对 KM2 实现联锁，之后 SB2 常开触点闭合→KM1 线圈通电→其常闭触点断开对 KM2 实现联锁，之后 KM1 自锁触点闭合，同时主触点闭合→电动机 M 定子绕组加正相序电源直接正向启动运行。

反向启动：按下反向启动按钮 SB3→其常闭触点断开，对 KM1 实现联锁，之后 SB3 常开触点闭合→KM2 线圈通电→其常闭触点断开对 KM1 实现联锁，之后 KM2 自锁触点闭合，同时主触点闭合→电动机 M 定子绕组加反相序电源直接反向启动。

②停止控制。按下停止按钮 SB1→KM1（或 KM2）线圈断电→其主触点断开→电动机 M 定子绕组断电并停转。

这个电路既有接触器联锁，又有按钮联锁，称为双重联锁的可逆控制电路，为机床电气控制系统所常用。

（三）工作台自动往返控制电路分析工作台自动往返运动

工作台自动往返运动示意图如图 2-26 所示。图中 ST1、ST2 为行程开关，用于控制工作台的自动往返；ST3、ST4 为限位开关，用来作为终端保护，即限制工作台的行程。实现电动机自动循环行程控制的电路如图 2-27 所示。在图 2-27 所示电路中，工作台自动往返工作过程如下：

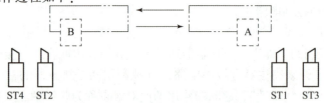

图 2-26　工作台自动往返运动示意图

合上电源开关 QS，按下启动按钮 SB2→KM1 线圈得电并自锁→电动机正转→工作台向右移动至右移预定位置→挡铁 A 压下 ST1→ST1 常闭触点断开→KM1 线圈失电，随后 ST1 常开触点闭合→KM2 线圈得电→电动机由正转变为反转→工作台向左移动至左移预定位置→挡铁 B 压下 ST2→KM2 线圈失电，KM1 线圈得电→电动机由反转变为正

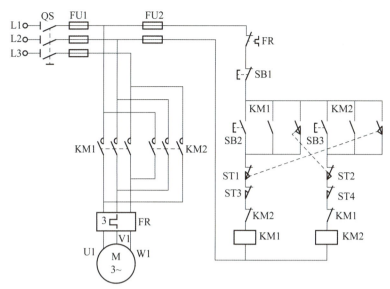

图 2 – 27　实现电动机自动循环行程控制的电路

转→工作台向左移动。如此周而复始地自动往返工作。当按下停止按钮 SB1→KM1（或 KM2）线圈失电→其主触点断开→电动机停转→工作台停止移动。若因行程开关 ST1、ST2 失灵，则由极限保护限位开关 ST3、ST4 实现保护，避免运动部件因超出极限位置而发生事故。

三、实施步骤

（一）训练目标
①学会工作台自动往返控制电路的安装方法。
②理解三相异步电动机正反转控制电路电气、机械联锁的原理。
③初步学会工作台自动往返控制电路常见故障的排除方法。

（二）设备与器材
本任务所需设备与器材见表 2 – 5。

表 2 – 5　本任务所需设备与器材

序号	名称	符号	技术参数	数量	备注
1	三相鼠笼式异步电动机	M	YS6324 – 180W/4	1 台	表中所列元件及器材仅供参考
2	三相隔离开关	QS	HZ10 – 25/3	1 只	
3	交流接触器	KM	CJ10 – 20	1 个	
4	按钮	SB	LA4 – 3H（3 个复合按钮）	1 个	
5	熔断器	FU	RL1 – 15（2 A 熔体）	5 只	
6	热继电器	FR	JR36	1 只	
7	行程开关、限位开关	ST、SQ			

续表

序号	名称	符号	技术参数	数量	备注
8	接线端子		JF3 – 10A	若干	
9	塑料线槽		35 mm×30 mm	若干	
10	电器安装板（电器柜）		500 mm×600 mm×20 mm	1	
11	导线		BR1.5、BVR1 mm^2	若干	表中所列元件及器材仅供参考
12	线号管		与导线直径相符	若干	
13	常用电工工具			1 套	
14	螺钉			若干	
15	数字式万用表			1 块	
16	绝缘电阻表			1 块	
17	钳形电流表			1 块	

①认真阅读工作台自动往返行程控制电路图，理解电路的工作原理。

②检查元器件。检查各电器是否完好，查看各电器型号、规格，明确使用方法。

③电路安装。

a. 检查图 2 – 27 上标的线号。

b. 根据图 2 – 27 画出安装接线图，如图 2 – 28 所示，电器、线槽位置摆放要合理。

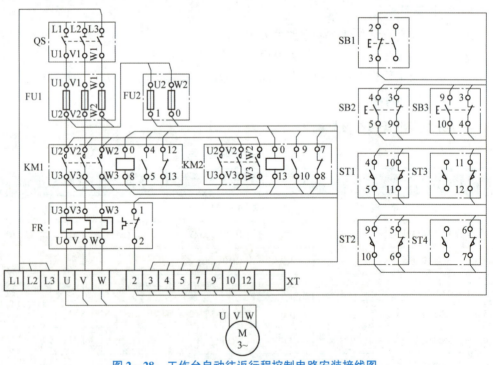

图 2 – 28　工作台自动往返行程控制电路安装接线图

c. 安装电器与线槽。

d. 根据安装接线图正确接线，先接主电路，后接控制电路。主电路导线截面积视电动机容量而定，控制电路导线截面积通常采用 1 mm² 的铜线，主电路与控制电路导线需采用不同的颜色进行区分。导线要走线槽，接线端需套线号管，线号要与控制电路图一致。

④检查电路。电路接线完毕，首先清理板面杂物，进行自查，确认无误后请老师检查，得到允许方可通电试车。

⑤通电试车。

a. 左右移动。合上电源开关 QS，分别按 SB2、SB3，观察工作台左右移动情况，按 SB 停机。

b. 电气联锁、机械联锁控制的试验。同时按下 SB2 和 SB3，接触器 KM1 和 KM2 均不能通电，电动机不转。按下正转启动按钮 SB2，电动机正向运行，再按反转启动按钮 SB3，电动机从正转变为反转。

c. 电动机不宜频繁持续由正转变为反转，反转变为正转，故不宜频繁持续操作 SB2 和 SB3。

d. ST3、ST4 的限位保护。工作台在左右往返移动过程中，若行程开关 ST1、ST2 失灵，则由限位开关 ST3、ST4 实现极限限位保护，以防工作台运动超出行程而造成事故。

e. 通电过程中若出现异常现象，应立即切断电源，分析故障现象，并报告老师。检查故障并排除后，经老师允许方可继续通电试车。

⑥结束任务。任务完成后，首先切断电源，确保在断电情况下拆除连接导线和电气元器件，清点设备与器材，交老师检查。

（三）分析与思考

①按下正、反转启动按钮，若电动机旋转方向不改变，原因可能是什么？

②若频繁持续操作 SB2 和 SB3 会产生什么现象？为什么？

③同时按下 SB2 和 SB3 会不会引起电源短路？为什么？

④当电动机正常正向或反向运行时，轻按一下反向启动按钮 SB2 或正向启动按钮 SB2，不将按钮按到底，电动机运行状态如何？为什么？

⑤如果行程开关 ST1、ST2 失灵会出现什么现象？本任务采取什么措施解决了这一问题？

四、考核任务

考核任务见表 2-6。

表 2-6　工作台自动往返行程控制电路考核表

评价内容	操作要求	评价标准	配分	扣分
电路图识读	1. 正确识别控制电路中各种电气元器件的符号及功能； 2. 正确分析控制电路工作原理	1. 电气元器件符号不认识，每处扣1分； 2. 电气元器件功能不知道，每处扣1分； 3. 电路工作原理分析不正确，每处扣1分	10	

评价内容	操作要求	评价标准	配分	扣分
装前准备	1. 器材齐全; 2. 电气元器件型号、规格符合要求; 3. 检查电气元器件外观、附件、备件; 4. 用仪表检查电气元器件质量	1. 器材缺少,每处扣1分; 2. 电气元器件型号、规格不符合要求,每只扣1分; 3. 漏检或错检,每处扣1分	10	
元器件安装	1. 按电气布置图安装; 2. 元器件安装牢固; 3. 元器件安装整齐、匀称、合理; 4. 不能损坏元器件	1. 不按布置图安装,该项不得分; 2. 元器件安装不牢固,每只扣4分; 3. 元器件布置不整齐、不匀称、不合理,每项扣2分; 4. 损坏元器件,该项不得分; 5. 元器件安装错误,每只扣3分	10	
导线连接	1. 按电路图或接线图接线; 2. 布线符合工艺要求; 3. 接点符合工艺要求; 4. 不损伤导线绝缘或线芯; 5. 套装编码套管; 6. 软线套线鼻; 7. 接地线安装	1. 未按电路图或接线图接线,扣20分; 2. 布线不符合工艺要求,每处扣3分; 3. 接点有松动、露铜过长、反圈、压绝缘层,每处扣2分; 4. 损伤导线绝缘层或线芯,每根扣5分; 5. 编码套管套装不正确或漏套,每处扣2分; 6. 不套线鼻,每处扣1分; 7. 漏接接地线,扣10分	20	
通电试车	在保证人身和设备安全的前提下,通电试验一次成功	1. 热继电器整定值错误或未整定,扣5分; 2. 主电路、控制电路配错熔体,各扣5分; 3. 验电操作不规范,扣10分; 4. 一次试车不成功扣5分,二次试车不成功扣10分,三次试车不成功扣15分	10	
工具、仪表使用	工具、仪表使用规范	1. 工具、仪表使用不规范,每次酌情扣1~3分; 2. 损坏工具、仪表,扣5分	10	
故障检修	1. 正确分析故障范围; 2. 查找故障并正确处理	1. 故障范围分析错误,从总分中扣5分; 2. 查找故障的方法错误,从总分中扣5分; 3. 故障点判断错误,从总分中扣5分; 4. 故障处理不正确,从总分中扣5分	5	
技术资料归档	技术资料完整并归档	技术资料不完整或不归档,酌情从总分中扣3~5分	15	

评价内容	操作要求	评价标准	配分	扣分
安全文明生产	1. 要求材料无浪费，现场整洁干净； 2. 工具摆放整齐，废品清理分类符合要求； 3. 遵守安全操作规程，不发生任何安全事故。如违反安全文明生产要求，酌情扣 3~40 分，情节严重者，可判本次技能操作训练为零分，甚至取消本次实训资格		10	
定额时间	180 min，每超时 5 min，扣 5 分			

开始时间		结束时间		实际时间		成绩	

收获体会：

学生签名：　　　　年　月　日

教师评语：

教师签名：　　　　年　月　日

五、拓展资源——多点控制

图 2-29 所示为两地控制电路。其中 SB2、SB1 为安装在甲地的启动按钮和停止按钮，SB4、SB3 为安装在乙地的启动按钮和停止按钮。电路的特点是启动按钮并联接在一起，停止按钮串联接在一起，即分别实现逻辑或和逻辑与的关系。这样就可以分别在甲、乙两地控制同一台电动机，达到操作方便的目的。对于三地或多地控制，只要将各地的启动按钮并联、停止按钮串联即可实现。

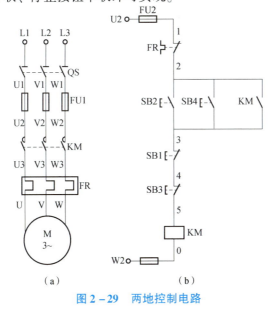

（a）　　　　　　　　（b）

图 2-29　两地控制电路

六、总结任务

本任务通过工作台自动往返运动控制电路的安装，引出了行程开关的结构、工作原理、常用型号及符号和选择，可逆运行控制电路的分析；学生在工作台自动往返控制电路及相关知识学习的基础上，通过对电路的安装和调试操作，学会工作台自动往返控制电路安装与调试的基本技能，加深对相关理论知识的理解。

 三相异步电动机Y–△减压启动控制电路的安装与调试

一、引入任务

星形–三角形（Y–△）减压启动是指电动机启动时把定子绕组接成星形，以降低启动电压，减小启动电流，待电动机启动后，转速上升至接近额定转速时，再把定子绕组改接成三角形，使电动机全压运行。Y–△减压启动适合正常运行时为△接法的三相笼型异步电动机轻载启动的场合，其特点是启动转矩小，仅为额定值的1/3，转矩特性差（启动转矩下降为原来的1/3）。本任务主要讨论相关的继电器结构、技术参数及三相异步电动机 Y–△减压启动控制电路的分析、安装与调试方法。

二、相关知识

继电器主要用于控制与保护电路中，可进行信号转换。继电器具有输入电路（又称感应元件）和输出电路（又称执行元件）功能，当感应元件中的输入量（如电流、电压、温度、压力等）变化到一定值时继电器动作，执行元件便接通或断开控制回路。

继电器种类繁多，常用的有电流继电器、电压继电器、中间继电器、时间继电器、热继电器，以及温度、压力、计数和频率继电器等。

（一）电磁式继电器

电磁式继电器的结构和工作原理与接触器相似，由电磁系统、触点系统和释放弹簧等组成。由于继电器用于控制电路，流过触点的电流小，故不需要灭弧装置。

电磁式继电器的图形和文字符号如图 2–30 所示。

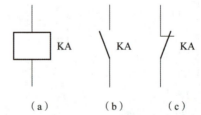

图 2–30　电磁式继电器的图形和文字符号
(a) 线圈；(b) 常开触点；(c) 常闭触点

1. 电流继电器

根据输入（线圈）电流大小而动作的继电器称为电流继电器，按用途不同还可分为过电流继电器和欠电流继电器。其图形和文字符号如图 2–31 所示。过电流继电器的任务是当电路发生短路及过流时立即将电路切断。当过流继电器线圈通过的电流小于整定电流时，继电器不动作；只有超过整定电流时，继电器才动作。欠电流继电器的任务是当电路电流过低时立即将电路切断。当欠电流继电器线圈通过的电流大于或等于整定电流时，继电器吸合；只有电流低于整定电流时，继电器才释放。欠电流继电器一般是自动复位的。

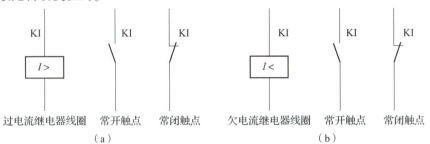

图 2 - 31　电流继电器图形和文字符号

（a）过电流继电器；（b）欠电流继电器

2. 电压继电器

电压继电器是根据输入电压大小而动作的继电器。按用途不同，电压继电器还可分为过电压继电器、欠电压继电器和零电压继电器。其图形和文字符号如图 2 - 32 所示。过电压继电器是当电压大于其过电压整定值时动作的电压继电器，主要用于对电路或设备做过电压保护。欠电压继电器是当电压小于其电压整定值时动作的电压继电器，主要用于对电路或设备做欠电压保护。零电压继电器是欠电压继电器的一种特殊形式，是当继电器的端电压降至或接近消失时才动作的电压继电器。

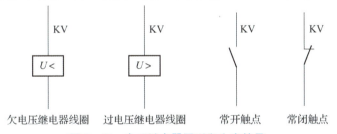

图 2 - 32　电压继电器图形和文字符号

3. 中间继电器

中间继电器实质上是电压继电器的一种，它的触点数多，触点电流容量大，动作灵敏。中间继电器的主要用途是当其他继电器的触点数或触点容量不够时，可借助中间继电器来扩大它们的触点数或触点容量，从而起到中间转换的作用。中间继电器的结构及工作原理与接触器基本相同，因而中间继电器又称为接触器式继电器。但中间继电器的触点对数多，且没有主辅之分，各对触点允许通过的电流大小相同，多数为 5 A。因此，对于工作电流小于 5 A 的电气控制电路，可用中间继电器代替接触器实施控制。中间继电器结构、图形和文字符号如图 2 - 33 所示。

常用的中间继电器有 JZ7 系列。以 JZ7—92 为例，有 9 对常开触点，2 对常闭触点。

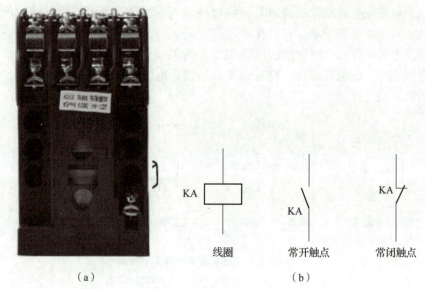

图 2-33　中间继电器结构、图形和文字符号

（二）时间继电器

时间继电器是一种用来实现触点延时接通或断开的控制电器，按其动作原理与结构不同，可分为空气阻尼式、电动式和电子式等多种类型。

1. 空气阻尼式时间继电器

空气阻尼式时间继电器，是利用空气阻尼作用获得延时的，有通电延时和断电延时两种类型，其型号有 JS7—A 和 JS16 系列。图 2-34 所示为 JS7—A 系列时间继电器结构示意图，它主要由电磁系统、延时机构和工作触点三部分组成。其工作原理如下：

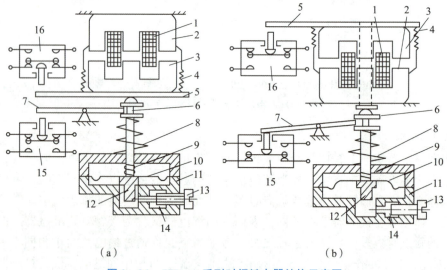

图 2-34　JS7—A 系列时间继电器结构示意图

（a）通电延时型；（b）断电延时型

1—线圈；2—铁芯；3—衔铁；4—复位弹簧；5—推板；6—活塞杆；7—杠杆；8—塔形弹簧；9—弱弹簧；
10—橡皮膜；11—空气室壁；12—活塞；13—调节螺杆；14—进气孔；15，16—微动开关

图 2 – 34（a）所示为通电延时型时间继电器，当线圈 1 通电后，铁芯 2 将衔铁 3 吸合（推板 5 使微动开关 16 立即动作），活塞杆 6 在塔形弹簧 8 作用下，带动活塞 12 及橡皮膜 10 向上移动，由于橡皮膜下方气室空气稀薄，形成负压，因此活塞杆 6 不能迅速上移。当空气由进气孔 14 进入时，活塞杆 6 才逐渐上移。移到最上端时，杠杆 7 才使微动开关 15 动作。延时时间即自电磁铁吸引线圈通电时刻起到微动开关动作时为止的这段时间。通过调节螺杆 13 调节进气孔的大小，就可以调节延时时间。

当线圈 1 断电时，衔铁 3 在复位弹簧 4 的作用下将活塞 12 推向最下端。因活塞被往下推时，橡皮膜下方气室内的空气都通过橡皮膜 10、弱弹簧 9 和活塞 12 肩部所形成的单向阀，经上气室缝隙顺利排掉，因此延时与不延时的微动开关 15 与 16 都迅速复位。

将电磁机构翻转 180°安装后，可得到如图 2 – 25（b）所示的断电延时型时间继电器。它的工作原理与通电延时型相似，微动开关 15 是在吸引线圈断电后延时动作的。

空气阻尼式时间继电器的优点是结构简单、寿命长、价格低廉，还附有不延时的瞬动触点，所以应用较为广泛。其缺点是准确度低、延时误差大（±10%～±20%），因此在要求延时精度高的场合不宜采用。

2. 晶体管式时间继电器

晶体管式时间继电器具有延时范围广、体积小、精度高、调节方便及寿命长等优点，所以发展很快，应用日益广泛。

晶体管式时间继电器常用产品有 JSJ、JSB、JJSB、JS14、JS20 等系列。

时间继电器主要根据控制电路所需要的延时触点的延时方式、瞬时触点的数目及使用条件来选择。

时间继电器的图形符号如图 2 – 35 所示，文字符号为 KT。

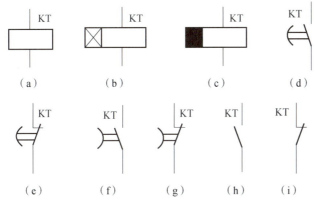

图 2 – 35　时间继电器的图形符号
（a）线圈一般符号；（b）通电延时线圈；（c）断电延时线圈；（d）延时闭合常开触点；
（e）延时断开常闭触点；（f）延时断开常开触点；（g）延时闭合常闭触点；
（h）瞬动常开触点；（i）瞬动常闭触点

（三）减压启动控制

三相笼型异步电动机，可采用直接启动和减压启动。由于异步电动机的启动电流一般可达其额定电流的 4～7 倍，过大的启动电流一方面会造成电网电压的显著下降，直接影响在同一电网工作的其他用电设备正常工作；另一方面电动机频繁启动会严重发热，加速绕组绝缘老化，缩短电动机的寿命，因此直接启动只适用于较小容量电动机。当电动机容量较大（10 kW 以上）时，一般采用减压启动。

所谓减压启动，是指启动时降低加在电动机定子绕组上的电压，待电动机启动后再将电压恢复到额定电压值，使之运行在额定电压下。

减压启动的目的在于减小启动电流，但启动转矩也将降低，因此减压启动只适用于空载或轻载下启动。

减压启动的方法：定子绕组串电阻减压启动包括 Y – △减压启动、自耦变压器减压启动、软启动（固态减压起动器）和延边三角形减压启动等。

（四）Y – △减压启动控制电路分析

三相异步电动机 Y – △减压启动控制电气原理图如图 2 – 36 所示。电路的工作原理为：合上电源开关 QS，按下启动按钮 SB2→KM1、KM3、KT 线圈同时得电吸合并自锁→KM1、KM3 的主触点闭合→电动机 M 按星形连接进行减压启动→当电动机转速上升至接近额定转速时，通电延时型时间继电器 KT 动作→其延时断开常闭触点连接→KM1 线圈断电释放→其联锁触点复位，主触点断开→电动机 M 失电解除星形连接。同时，KT 延时闭合的常开触点闭合→KM2 线圈通电吸合并自锁→电动机定子绕组接成三角形全压运行。KM1、KM3 辅助常闭触点为联锁触点，以防电动机定子绕组同时接成星形和三角形造成主电路电源相间短路。

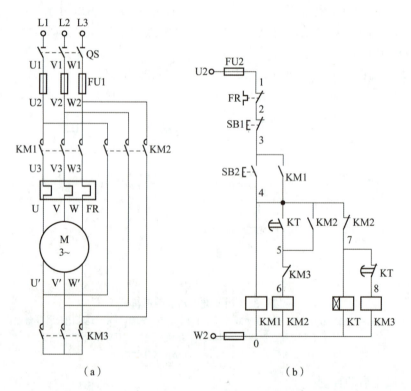

图 2 – 36　三相异步电动机 Y – △减压启动控制电气原理图
(a) 主电路；(b) 控制电路

三、实施步骤

(一）训练目标

①掌握三相笼型异步电动机 Y－△减压启动控制电路的连接方法，从而进一步理解电路的工作原理和特点。

②了解时间继电器的结构、工作原理及使用方法。

③进一步熟悉电路的安装接线工艺。

④熟悉三相笼型异步电动机 Y－△减压启动控制电路的调试及常见故障的排除方法。

(二）设备与器材

所需设备与器材见表2－7。

表2－7　任务所需设备与器材

序号	名称	符号	技术参数	数量	备注
1	三相鼠笼式异步电动机	M	YS6324－180W/4	1 台	表中所列元件及器材仅供参考
2	三相隔离开关	QS	HZ10－25/3	1 只	
3	交流接触器	KM	CJ10－20	1 个	
4	按钮	SB	LA4－3H（3 个复合按钮）	1 个	
5	熔断器	FU	RL1－15（2 A 熔体）	5 只	
6	热继电器	FR	JR36	1 只	
7	时间继电器	KT	JS－4A	1 只	
8	接线端子		JF3－10A	若干	
9	塑料线槽		35 mm×30 mm	若干	
10	电器安装板（电器柜）		500 mm×600 mm×20 mm	1	
11	导线		BR1.5、BVR1 mm^2	若干	
12	线号管		与导线直径相符	若干	
13	常用电工工具			1 套	
14	螺钉			若干	
15	数字式万用表			1 只	
16	绝缘电阻表			1 只	
17	钳形电流表			1 只	

(三）内容与步骤

①认真阅读 Y－△减压启动控制电路图，理解电路的工作原理。

②检查元器件。检查各电器是否完好，查看各电器型号、规格，明确使用方法。

③电路安装。

a. 检查图 2 – 36 上标的线号。

b. 根据图 2 – 36 画出安装接线图，如图 2 – 37 所示，电器、线槽位置摆放要合理。

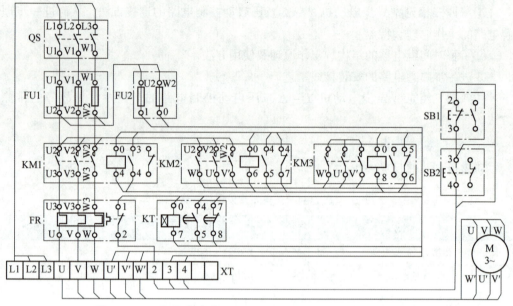

图 2 – 37　三相异步电动机 Y – △ 减压启动控制电气安装接线图

c. 安装电器与线槽。

d. 根据安装接线图正确接线，先接主电路，后接控制电路。主电路导线截面积根据电动机容量而定，控制电路导线通常采用截面积为 1 mm² 的铜线，主电路与控制电路导线需采用不同颜色进行区分。导线要走线槽，接线端需套号码管，线号要与控制电路图一致。

④检查电路。电路接线完毕，首先清理板面杂物，进行自查，确认无误后请老师检查，得到允许方可通电试车。

⑤通电试车。

a. 合上电源开关 QS，按下启动按钮 SB2，观察接触器动作顺序及电动机减压启动的过程。启动结束后，按下停止按钮 SB1 电动机停转。

b. 调整时间继电器 KT 的延时时间，观察电动机启动过程的变化。

c. 通电过程中若出现异常情况，应立即切断电源，分析故障现象，并报告老师。检查故障并排除后，经老师允许方可继续进行通电试车。

6）结束任务。任务完成后，首先切断电源，确保在断电情况下拆除连接导线和电气元器件，清点实训设备与器材交老师检查。

（四）分析与思考

①在 Y – △ 减压启动控制过程中，如果接触器 KM2、KM3 同时得电，会产生什么现象？为防止此现象出现，控制电路中采取了何种措施？

②时间继电器在电路中的作用是什么？请设计一个断电延时继电器控制 Y – △ 减压启动控制的电路。

③若电路在启动过程中，不能从 Y 连接切换到 △ 连接，电路始终处在 Y 连接下运行，试分析故障原因。

四、考核任务

考核任务见表 2 – 8。

表 2 – 8　三相异步电动机 Y – △减压启动控制考核表

评价内容	操作要求	评价标准	配分	扣分
电路图识读	1. 正确识别控制电路中各种电气元器件的符号及功能； 2. 正确分析控制电路工作原理	1. 电气元器件符号不认识，每处扣1分； 2. 电气元器件功能不知道，每处扣1分； 3. 电路工作原理分析不正确，每处扣1分	10	
装前准备	1. 器材齐全； 2. 电气元器件型号、规格符合要求； 3. 检查电气元器件外观、附件、备件； 4. 用仪表检查电气元器件质量	1. 器材缺少，每处扣1分； 2. 电气元器件型号、规格不符合要求，每只扣1分； 3. 漏检或错检，每处扣1分	10	
元器件安装	1. 按电气布置图安装； 2. 元器件安装牢固； 3. 元器件安装整齐、匀称、合理； 4. 不能损坏元器件	1. 不按布置图安装，该项不得分； 2. 元器件安装不牢固，每只扣4分； 3. 元器件布置不整齐、不匀称、不合理，每项扣2分； 4. 损坏元器件，该项不得分； 5. 元器件安装错误，每只扣3分	10	
导线连接	1. 按电路图或接线图接线； 2. 布线符合工艺要求； 3. 接点符合工艺要求； 4. 不损伤导线绝缘或线芯； 5. 套装编码套管； 6. 软线套线鼻； 7. 接地线安装	1. 未按电路图或接线图接线，扣20分； 2. 布线不符合工艺要求，每处扣3分； 3. 接点有松动、露铜过长、反圈、压绝缘层，每处扣2分； 4. 损伤导线绝缘层或线芯，每根扣5分； 5. 编码套管套装不正确或漏套，每处扣2分； 6. 不套线鼻，每处扣1分； 7. 漏接接地线，扣10分	20	
通电试车	在保证人身和设备安全的前提下，通电试验一次成功	1. 热继电器整定值错误或未整定，扣5分； 2. 主电路、控制电路配错熔体，各扣5分； 3. 验电操作不规范，扣10分； 4. 一次试车不成功扣5分，二次试车不成功扣10分，三次试车不成功扣15分	20	

评价内容	操作要求	评价标准	配分	扣分
工具、仪表使用	工具、仪表使用规范	1. 工具、仪表使用不规范，每次酌情扣 1~3 分； 2. 损坏工具、仪表，扣 5 分	10	
故障检修	1. 正确分析故障范围； 2. 查找故障并正确处理	1. 故障范围分析错误，从总分中扣 5 分； 2. 查找故障方法错误，从总分中扣 5 分； 3. 故障点判断错误，从总分中扣 5 分； 4. 故障处理不正确，从总分中扣 5 分	5	
技术资料归档	技术资料完整并归档	技术资料不完整或不归档，酌情从总分中扣 3~5 分	5	
安全文明生产	1. 要求材料无浪费，现场整洁干净； 2. 工具摆放整齐，废品清理分类符合要求； 3. 遵守安全操作规程，不发生任何安全事故。如违反安全文明生产要求，酌情扣 3~40 分，情节严重者，可判本次技能操作训练为零分，甚至取消本次实训资格	10	
定额时间	180 min，每超时 5 min，扣 5 分			
开始时间		结束时间	实际时间	成绩

收获体会：

学生签名：　　　　年　月　日

教师评语：

教师签名：　　　　年　月　日

五、拓展资源——三相异步电动机其他减压启动控制

（一）定子绕组串电阻减压启动控制

定子绕组串电阻减压启动是指启动时在电动机定子绕组中串接电阻，通过电阻的分压作用，使电动机定子绕组上的电压减小；待电动机转速上升至接近额定转速时，将电阻切除，使电动机在额定电压（全压）下正常运行。这种启动方法适用于电动机容量不大、启动不频繁且平稳的场合。其特点是启动转矩小，加速平滑，但电阻上的能量损耗大。图 2-38 所示为三相异步电动机定子绕组串电阻减压启动控制原理图。图中 SB2 为启动按钮，SB1 为停止按钮，R 为启动电阻，KM1 为电源接触器，KM2 为切除启动电阻用接触器，KT 为控制启动过程的时间继电器。

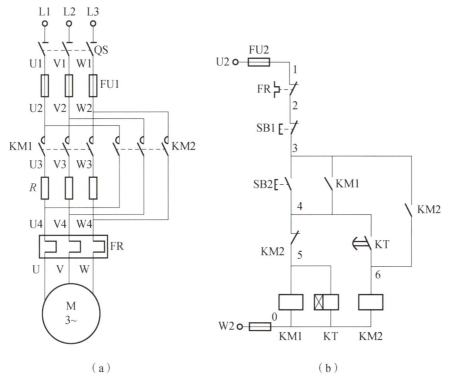

图2-38 三相异步电动机定子绕组串电阻减压启动控制原理图

（a）主电路；（b）控制电路

电路的工作原理：合上电源开关 QS，按下启动按钮 SB2→KM1 得电并自锁→电动机定子绕组串入电阻 R 减压起动，同时 KT 得电→经延时后，KT 延时闭合，常开触点闭合→KM2 得电并自锁→KM2 辅助常闭触点断开→KM1、KT 失电；KM2 主触点闭合将起动电阻 R 短接→电动机进入全压正常运行。

（二）自耦变压器减压启动控制

自耦变压器减压启动是指电动机起动时利用自耦变压器来降低加在电动机定子绕组上的启动电压，电动机启动后，当电动机转速上升至接近额定转速时，将自耦变压器切除，电动机定子绕组直接加电源电压，进入全压运行。这种启动方法适合于电动机容量较大、正常工作时接成 Y 或 △ 的电动机，起动转矩可以通过改变抽头的连接位置来改变。它的缺点是自耦变压器价格较贵，而且不允许频繁启动。

图 2-39 所示为自耦变压器减压启动控制电路图。图中 KM1 为减压启动接触器，KM2 为全压运行接触器，KA 为中间继电器，KT 为减压启动控制时间继电器。电路工作原理：合上电源开关 QS，按下启动按钮 SB2→KM1、KT 线圈同时电，KM1 线圈得电吸合并自锁→将自耦变压器接入→电动机由自耦变压器二次电压供电作减压启动。当电动机转速接近额定转速时，时间继电器 KT 延时时间到动作→其延时闭合的常开触点闭合→使 KA 线圈得电并自锁→其常闭触点断开 KM1 线圈电路→KM1 线圈失电后，将自耦变压器从电源切除；KA 的常开触点闭合，使 KM2 线圈得电吸合→其主触点闭合→电动机定子绕组加全电压进入正常运行。

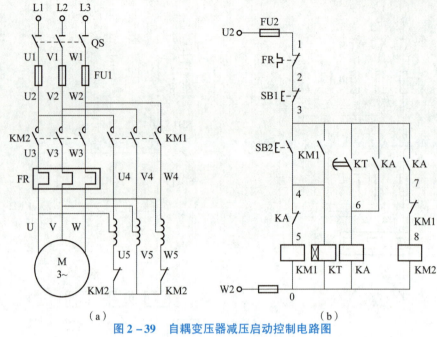

图 2-39   自耦变压器减压启动控制电路图

（a）主电路；（b）控制电路

六、总结任务

本任务通过三相异步电动机 Y-△减压启动控制电路的安装引出了减压启动、电磁式继电器的基本知识和时间继电器的结构、工作原理、常用型号及符号、选择，Y-△减压启动控制电路的分析；学生在 Y-△减压启动控制电路及相关知识学习的基础上，通过对电路的安装和调试操作，学会电动机基本控制电路安装与调试的基本技能，加深对相关理论知识的理解。

本任务还介绍了三相异步电动机定子绕组串电阻减压启动和自耦变压器减压启动控制电路的组成，并对它们的工作过程做了详细分析。

任务四   三相异步电动机能耗制动控制电路的安装与调试

一、任务导入

电动机制动控制方法有机械制动和电气制动。常用的电气制动有反接制动和能耗制动等。能耗制动是指在电动机脱离三相交流电源后，向定子绕组内通入直流电源，建立静止磁场，转子以惯性旋转，转子导体切割定子恒定磁场产生转子感应电动势，利用转子感应电流与静止磁场的作用产生制动的电磁转矩，达到制动的目的。在制动过程中，电流、转速、时间三个参数都在变化，可任取一个作为控制信号，按时间作为控制参数，控制电路简单，实际应用较多。本任务主要讨论相关的速度继电器结构、技术参数、能耗制动控制电路原理分析及电路安装与调试的方法。

二、相关知识

（一）速度继电器

速度继电器是根据电磁感应原理制成的，用于转速的检测，如用来在三相交流感应电动机反接制动转速过零时自动切除反相序电源。图 2－40 所示为速度继电器的结构原理。

速度继电器主要由转子、圆环（笼型空心绕组）和触点三部分组成。转子由一块永久磁铁制成，与电动机同轴相连，用以接收转动信号。当转子（磁铁）旋转时，笼型绕组切割转子磁场产生感应电动势，形成环内电流，此电流与磁铁磁场作用，产生电磁转矩，圆环在此力矩的作用下带动摆杆，克服弹簧力而顺转子转动的方向摆动，并拨动触点，改变其通断状态（在摆杆左、右各设一组切换触点，分别在速度继电器正转和反转时发生作用）。当调节弹簧弹力时，可使速度继电器在不同转速时切换触点，改变通断状态。

速度继电器的动作转速一般不低于 120 r/min，复位转速在 100 r/min 以下，工作时允许的转速高达 1 000 ~ 3 900 r/min。由速度继电器的正转和反转切换触点的动作来反映电动机转向和速度的变化。常用的速度继电器型号有 JY1 型和 JFZ0 型。

速度继电器的图形和文字符号如图 2－41 所示。

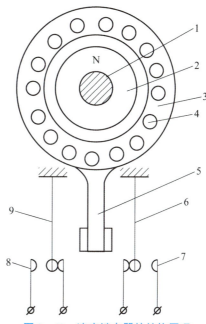

图 2－40　速度继电器的结构原理
1—转轴；2—转子；3—定子；
4—绕组；5—摆锤；
6，9—簧片；7，8—静触点

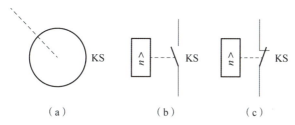

（a）　　　　　　　（b）　　　　　　　（c）

图 2－41　速度继电器的图形和文字符号
（a）转子；（b）常开触头；（c）常闭触头

（二）能耗制动

1. 三相异步电动机单向运行能耗制动控制

（1）电路的组成

三相异步电动机按单向运行时间原则控制的能耗制动控制电路原理图如图 2－42

所示。图中 KM1 为单向运行控制接触器，KM2 为能耗制动控制接触器，KT 为控制能耗制动的通电延时型时间继电器。

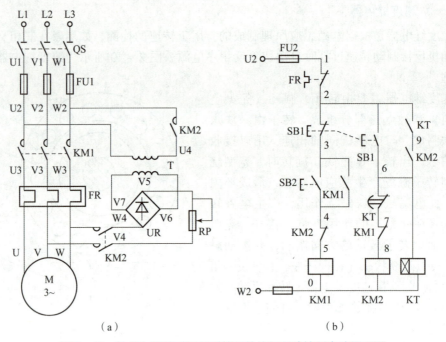

图 2-42　按单向运动时间原则控制的能耗制动控制电路原理图

（a）主电路；（b）控制电路

（2）电路的工作原理

①启动控制。合上电源开关 QS，按下启动按钮 SB2→KM1 线圈得电，并自锁→KM1 主触点闭合→M 实现全压启动并运行，同时 KM1 辅助常闭触点断开对反接制动控制 KM2 实现联锁。

②制动控制。在电动机单向正常运行时，当需要停车时，按下停止按钮 SB1，SB1 常闭触点断开→KM1 线圈失电→KM1 主触点断开，切断 M 三相交流电源。SB1 常开触点闭合→KM2 线圈、KT 线圈同时得电，并自锁，其主触点闭合→M 定子绕组接入直流电源进行能耗制动。M 转速迅速下降，当转速接近零时，KT 延时时间到→KT 延时断开的常闭触点断开→KM2、KT 相继失电返回，能耗制动结束。

图 2-42 中 KT 的瞬动常开触点与 KM2 的辅助常开触点串联，其作用是：当发生 KT 线圈断线或机械卡住故障，致使 KT 延时断开的常闭触点断不开，常开触点也合不上时，只有按下停止按钮 SB1，成为点动能耗制动。若无 KT 的常开瞬动触点串联 KM2 辅助常开触点，在发生上述故障时，按下停止按钮 SB1 后，将使 KM2 线圈长期得电吸合，使电动机两相定子绕组长期接入直流电源。

2. 三相异步电动机可逆运行能耗制动控制

（1）电路的组成

图 2-43 所示为按速度原则控制的可逆运行能耗制动控制原理图。图中 KM1、KM2 为电动机正、反转接触器，KM3 为能耗制动接触器，KS 为速度继电器，其中

KS-1 为速度继电器正向常开触点，KS-2 为速度继电器反向常开触点。

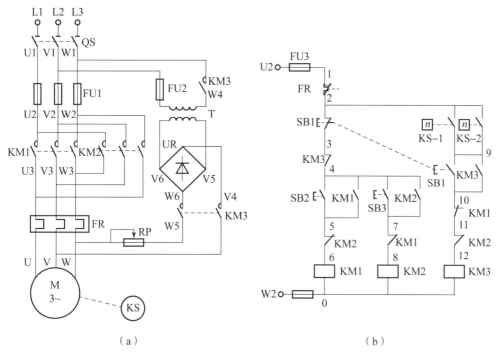

（a）　　　　　　　　　　　（b）

图 2-43　按速度原则控制的可逆运行能耗制动控制原理图
（a）主电路；（b）控制电路

（2）电路的工作原理

①启动控制。合上电源开关 QS，按下启动按钮 SB2（或 SB3）→KM1（或 KM2）线圈得电吸合并自锁→其主触点闭合→M 实现正向（或反向）全压启动并运行。当 M 的转速上升至 120 r/min 时，KS 的 KS-1（或 KS-2）闭合，为能耗制动做准备。

②制动控制。停车时，按下停止按钮 SB1→其常闭触点断开→KM1（或 KM2）线圈失电，其主触点断开→切除 M 定子绕组三相电源。当 SB1 常开触点闭合时→KM3 线圈得电并自锁→其主触点闭合→M 定子绕组加直流电源进行能耗制动，M 转速迅速下降，当转速下降至 100 r/min 时，KS 返回→KS-1（或 KS-2）复位断开→KM3 线圈失电返回→其主触点断开，切除 M 的直流电源，能耗制动结束。

电动机可逆运行能耗制动也可采用时间原则，用时间继电器取代速度继电器，同样能达到制动的目的。

对于负载转矩较为稳定的电动机，能耗制动时采用时间原则控制为宜；若传动机构能反映电动机转速，则采用速度原则控制较为合适。

3. 无变压器单管能耗制动控制

（1）电路的组成

上述能耗制动电路均需一套整流装置和整流变压器，为简化能耗制动电路，减少附加设备，在制动要求不高、电动机功率在 10 kW 以下时，可采用无变压器的单管能耗制动电路。它是采用无变压器的单管半波整流电路产生能耗直流电源，这种电源体积小、成本低，其原理图如图 2-44 所示。其整流电源电压为 220 V，它由制动接触器 KM2 主触点接至电动机定子两相绕组，并由另一相绕组经整流二极管 VD 和电阻 R 接到零线，构成回路。

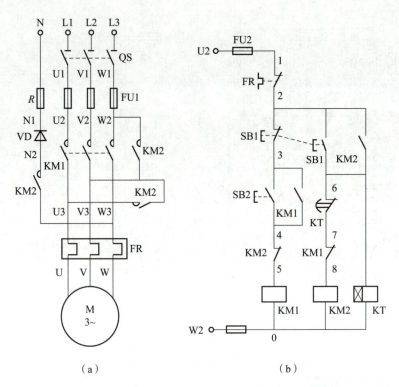

（a）   （b）

图 2-44　无变压器单管能耗制动控制电路原理图

（a）主电路；（b）控制电路

（2）电路的工作原理

①启动控制。合上电源开关 QS，按下启动按钮 SB2→KM1 线圈得电吸合并自锁→其主触点实现全压启动并运行。

②制动控制。在电动机正常运行时，当需要停车时，按下停止按钮 SB1，SB1 常闭触点断开，KM1 线圈失电→KM1 主触点断开→切断 M 定子绕组三相交流电源。SB1 常开触点闭合→KM2 线圈、KT 线圈同时得电，并自锁，其主触点闭合→M 定子绕组接入单向脉动直流电流进入能耗制动状态。M 转速迅速下降，当电动机转速接近零时，KT 延时时间到→KT 延时断开的常闭触点断开→KM2、KT 相继失电返回，能耗制动结束。

三、实施任务

（一）训练目标

①掌握三相笼型异步电动机能耗制动控制电路的连接方法，从而进一步理解电路的工作原理和特点。

②熟悉三相笼型异步电动机能耗制动控制电路的调试和常见故障的排除。

（二）设备与器材

任务所需设备与器材见表2-9。

表2-9　任务所需设备与器材

序号	名称	符号	技术参数	数量	备注
1	三相鼠笼式异步电动机	M	YS6324-180W/4	1台	
2	三相隔离开关	QS	HZ10-25/3	1只	
3	交流接触器	KM	CJ10-20	1个	
4	按钮	SB	LA4-3H（3个复合按钮）	1个	
5	熔断器	FU	RL1-15（2 A熔体）	5只	
6	热继电器	FR	JR36	1只	
7	时间继电器	KT	JS-4A	若干	
8	接线端子		JF3-10A	若干	
9	塑料线槽		35 mm×30 mm	若干	
10	电气安装板（电气柜）		500 mm×600 mm×20 mm	1	表中所列元件及器材仅供参考
11	导线		BR1.5、BVR1 mm²	若干	
12	线号管		与导线直径相符	若干	
13	常用电工工具			1套	
14	变压器	T		1个	
15	电位器	RP		1只	
16	二极管	VD		1只	
17	螺钉			若干	
18	数字式万用表			1只	
19	绝缘电阻表			1只	
20	钳形电流表			1只	

（三）内容与步骤

①认真阅读三相异步电动机单向运行能耗制动控制电路图，理解电路的工作原理。

②检查元器件。检查各电器是否完好，查看各电器型号、规格，明确使用方法。

③电路安装。

a. 检查图2-44上标的线号。

b. 根据图2-44画出安装接线图，如图2-45所示，电器、线槽位置摆放要合理。

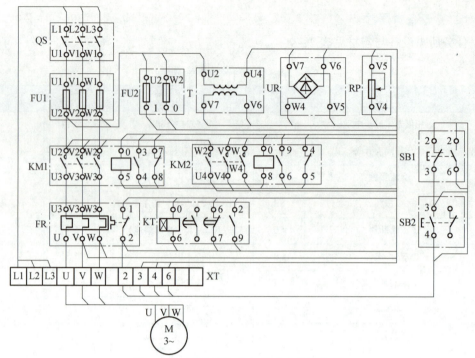

图 2-45　单向运行能耗制动安装接线图

　　c. 安装电器与线槽。

　　d. 根据安装接线图正确接线，先接主电路，后接控制电路。主电路导线截面积视电动机容量而定，控制电路导线截面积通常采用 1 mm² 的铜线，主电路与控制电路导线需采用不同的颜色进行区分。接线时要分清二极管的正负极和二极管的安装接线方式。导线要走线槽，接线端需套线号管，线号要与控制电路图一致。

　　④检查电路。电路接线完毕，首先清理板面杂物，进行自查，确认无误后请老师检查，获得允许方可通电试车。

　　⑤通电试车。

　　a. 合上电源开关 QS，按下 SB2，使电动机启动并进入正常运行状态。

　　b. 按下停止按钮 SB1，观察电动机制动效果。调节时间继电器的延时，使电动机在停机后能及时切断制动电源。

　　c. 减小和增大时间继电器的延时时间值，观察电路在制动时会出现什么情况；减小和增大变阻器的阻值，同样观察电路在制动时出现的情况。

　　d. 通电过程中若出现异常情况，应立即切断电源，分析故障现象，并报告老师。检查故障并排除后，经老师允许方可继续进行通电试车。

　　⑥结束任务。任务完成后，首先切断电源，确保在断电情况下进行拆除连接导线和电气元件，清点设备与器材，交给老师检查。

（四）分析与思考

　　①在图 2-42（b）中，KM3 自锁支路采用 KT 瞬动常开触点与 KM2 辅助常开触点串联，其作用是什么？

　　②在图 2-44 中，时间继电器延时时间的改变对制动效果有什么影响？为什么？

③能耗制动与反接制动比较，各有什么特点？

四、考核任务

考核任务表见表 2 – 10。

表 2 – 10　单向运行能耗制动考核任务表

评价内容	操作要求	评价标准	配分	扣分
电路图识读	1. 正确识别控制电路中各种电气元器件符号及功能； 2. 正确分析控制电路工作原理	1. 电气元器件符号不认识，每处扣 1 分； 2. 电气元器件功能不知道，每处扣 1 分； 3. 电路工作原理分析不正确，每处扣 1 分	10	
装前准备	1. 器材齐全； 2. 电气元器件型号、规格符合要求； 3. 检查电气元器件外观、附件、备件； 4. 用仪表检查电气元器件质量	1. 器材缺少，每处扣 1 分； 2. 电气元器件型号、规格不符合要求，每只扣 1 分； 3. 漏检或错检，每处扣 1 分	10	
元器件安装	1. 按电气布置图安装； 2. 元器件安装牢固； 3. 元器件安装整齐、匀称、合理； 4. 不能损坏元器件	1. 不按布置图安装，该项不得分； 2. 元器件安装不牢固，每只扣 4 分； 3. 元器件布置不整齐、不匀称、不合理，每项扣 2 分； 4. 损坏元器件，该项不得分； 5. 元器件安装错误，每只扣 3 分	10	
导线连接	1. 按电路图或接线图接线； 2. 布线符合工艺要求； 3. 接点符合工艺要求； 4. 不损伤导线绝缘或线芯； 5. 套装编码套管； 6. 软线套线鼻； 7. 接地线安装	1. 未按电路图或接线图接线，扣 20 分； 2. 布线不符合工艺要求，每处扣 3 分； 3. 接点有松动、露铜过长、反圈、压绝缘层，每处扣 2 分； 4. 损伤导线绝缘层或线芯，每根扣 5 分； 5. 编码套管套装不正确或漏套，每处扣 2 分； 6. 不套线鼻，每处扣 1 分； 7. 漏接接地线，扣 10 分	20	
通电试车	在保证人身和设备安全的前提下，通电试验一次成功	1. 热继电器整定值错误或未整定，扣 5 分； 2. 主电路、控制电路配错熔体，各扣 5 分； 3. 验电操作不规范，扣 10 分； 4. 一次试车不成功扣 5 分，二次试车不成功扣 10 分，三次试车不成功扣 15 分	20	

评价内容	操作要求	评价标准	配分	扣分
工具、仪表使用	工具、仪表使用规范	1. 工具、仪表使用不规范，每次酌情扣 1~3 分； 2. 损坏工具、仪表，扣 5 分	10	
故障检修	1. 正确分析故障范围； 2. 查找故障并正确处理	1. 故障范围分析错误，从总分中扣 5 分； 2. 查找故障的方法错误，从总分中扣 5 分； 3. 故障点判断错误，从总分中扣 5 分； 4. 故障处理不正确，从总分中扣 5 分	5	
技术资料归档	技术资料完整并归档	技术资料不完整或不归档，酌情从总分中扣 3~5 分	5	
安全文明生产	1. 要求材料无浪费，现场整洁干净； 2. 工具摆放整齐，废品清理分类符合要求； 3. 遵守安全操作规程，不发生任何安全事故。如违反安全文明生产要求，酌情扣 3~40 分，情节严重者，可判本次技能操作训练为零分，甚至取消本次实训资格	10	
定额时间	180 min，每超时 5 min，扣 5 分			
开始时间		结束时间	实际时间	成绩

收获体会：

学生签名：　　　年　月　日

教师评语：

教师签名：　　　年　月　日

五、拓展知识——反接制动

反接制动控制线路：反接制动是停车时利用改变电动机定子绕组中三相电源的相序，产生与转动方向相反的转矩而起制动作用的。为防止电动机制动时反转，必须在电动机转速接近零时，及时将反接电源切除，电动机才能真正停下来。机床中广泛应用速度继电器来实现电动机反接制动的自动控制。电动机与速度继电器转子是同轴连接在一起的，当电动机转速在 120～3 000 r/min 范围内时，速度继电器的触点动作，当转速低于 100 r/min 时，其触点恢复原位。

反接制动时，由于旋转磁场的相对速度很大，定子电流也很大，因此制动迅速。但制动时冲击大，对传动部件有害，能量消耗也较大。通常仅适用于不经常起动和制动的 10 kW 以下的小容量电动机。为了减小冲击电流，可在主回路中串入电阻 R 来限制反接制动的电流。

电动机单向反接制动控制：

（1）电路的组成

图 2－46 所示为电动机单向反接制动控制原理图。图中 KM1 为电动机单向运行接触器，KM2 为反接制动接触器，KS 为速度继电器，R 为反接制动电阻。

（2）电路的工作原理

①启动控制。合上电源开关 QS，按下启动按钮 SB2→KM1 线圈得电并自锁→其主触点闭合，电动机全压启动。当电动机转速达到 120 r/min 时→速度继电器 KS 动作→其常开触点闭合，为反接制动做准备。

②制动控制。按下停止按钮 SB1→SB1 常闭触点断开→KM1 线圈失电返回→KM1 主触点断开→切断电动机原相序三相交流电源，但电动机仍以惯性高速旋转。当 SB1 按到底时，其常开触点闭合→KM2 线圈得电，并自锁，其主触点闭合→电动机定子串入三相对称电阻，接入反相序三相交流电源进行反接制动，电动机转速迅速下降。当电动机转速下降到 100 r/min 时，KS 返回→其常开触点复位→KM2 线圈失电返回→其主触点断开电动机反相序交流电源，反接制动结束，电动机自然停车。

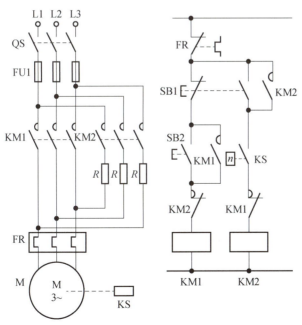

图 2－46　电动机单向反接制动控制原理图

六、总结任务

学生在能耗制动及相关知识学习的基础上，通过对电路的安装和调试操作，学会电动机基本控制电路安装与调试的基本技能，加深对相关理论知识的理解。

知识点归纳与总结

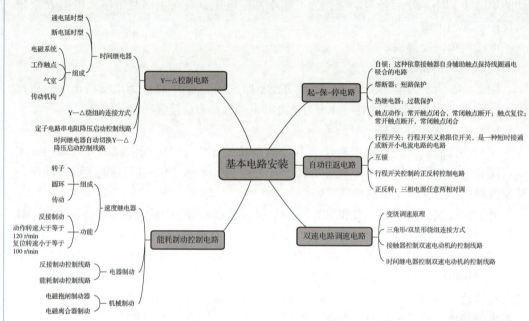

项目二　思考题与习题

思考题与习题

一、选择题

1. 在低压电器中，用于短路保护的电器是（　　）。

A. 过电流继电器　　B. 熔断器　　　　C. 热继电器　　　　D. 时间继电器

2. 在电气控制电路中，若对电动机进行过载保护，则选用的低压电器是（　　）。

A. 过电压继电器　　B. 熔断器　　　　C. 热继电器　　　　D. 时间继电器

3. 下列不属于主令电器的是（　　）。

A. 按钮　　　　　　B. 行程开关　　　C. 主令控制器　　　D. 刀开关

4. 用于频繁地接通和分断交流主电路和大容量控制电路的低压电器是（　　）。

A. 按钮　　　　　　B. 交流接触器　　C. 主令控制器　　　D. 断路器

5. 下列不属于机械设备的电气工程图的是（　　）。

A. 电气原理图　　　　　　　　　　　B. 电气布置图

C. 安装接线图　　　　　　　　　　　D. 电器结构图

6. 低压电器是指工作在交流（　　）V 及以下的电气装置。

A. 1 500　　　　　　B. 1 200　　　　　C. 1 000　　　　　D. 2 000

7. 在控制电路中，熔断器所起到的保护是（　　　　）。

A. 过电流保护　　　B. 过电压保护　　　C. 过载保护　　　D. 短路保护

8. 下列低压电器中，能起到过电流保护、短路保护、失电压和零压保护的是（　　　　）。

A. 熔断器　　　　　B. 速度继电器　　　C. 低压断路器　　　D. 时间继电器

9. 断电延时型时间继电器，它的常开触点是（　　　　）。

A. 延时闭合的常开触点　　　　　　B. 瞬动常开触点

C. 瞬时闭合延时断开的常开触点　　D. 延时闭合延时断开的常开触点

10. 在控制电路中，速度继电器所起到的作用是（　　　　）。

A. 过载保护　　　　B. 过电压保护　　　C. 欠电压保护　　　D. 速度检测

二、判断题

1. 两个接触器的电压线圈可以串联在一起使用。（　　）

2. 热继电器可以用来作线路中的短路保护使用。（　　）

3. 一台额定电压为 220 V 的交流接触器在交流 220 V 和直流 220 V 的电源上均可使用。（　　）

4. 交流接触器铁芯端面嵌有短路铜环的目的是保证动、静铁芯吸合严密，不发生振动与噪声。（　　）

5. 低压断路器又称为空气开关。（　　）

6. 熔断器的保护特性是反时限的。（　　）

7. 一定规格的热继电器，其所装的热元件规格可能是不同的。（　　）

8. 热继电器的保护特性是反时限的。（　　）

9. 行程开关、限位开关、终端开关是同一开关。（　　）

10. 万能转换开关本身带有各种保护。（　　）

三、填空题

1. 刀开关在安装时，手柄要_____，不得_____，避免由于重力自动下落，引起误动合闸，接线时应将_____接在刀开关上端（即静触点），_____接在刀开关下端（即动触点）。

2. 螺旋式熔断器在装接使用时，_____应当接在下接线端，_____接到上接线端。

3. 断路器又称_____，其热脱扣器作_____保护用，电磁脱扣机构作_____保护用，欠电压脱扣器作_____保护用。

4. 交流接触器由_____、_____、_____及其他部件 4 部分组成。

5. 交流接触器可用于频繁通断_____电路，又具有_____保护作用。其触点分为主触点和辅助触点，主触点用于控制大电流的_____，辅助触点用于控制小电流的_____。

6. 热继电器是利用电流的_____效应而动作的，它的发热元件应_____于电动机电源回路中。

7. 三相异步电动机的控制电路一般由_____、_____、_____组成。

8. 利用接触器自身的辅助触点保持其线圈通电的电路称为_____电路，起到这种作用的常开辅助触点称为_____。

9. 多地控制是利用多组_____、_____来进行控制的，就是把各启动按钮的常开触点_____连接，各停止按钮的常闭触点_____连接。

10. 三相异步电动机常用的减压启动有_____、_____、_____、_____。

四、简答题

1. 何为低压电器？何为低压控制电器？

2. 低压电器的电磁机构由哪几部分组成？

3. 电弧是如何产生的？常用的灭弧方法有哪些？

4. 触点的形式有哪几种？常用的灭弧装置有哪几种？

5. 熔断器有哪几种类型？试写出各种熔断器的型号。它在电路中的作用是什么？

6. 熔断器有哪些主要参数？熔断器的额定电流与熔体的额定电流是不是同一电流？

7. 熔断器与热继电器用于保护交流三相异步电动机时，能不能互相取代？为什么？

8. 交流接触器主要由哪几部分组成？并简述其工作原理。

9. 交流接触器频繁操作后线圈为什么会发热？其衔铁卡住后会出现什么后果？

10. 交流接触器能否串联使用？为什么？

项目三 典型机床电气控制电路分析与故障排除

学习目标	知识目标	1. 了解电气控制电路分析的一般方法和步骤； 2. 熟悉车床、磨床、钻床及铣床电气控制系统； 3. 了解机床上机械、液压、电气三者之间的配合； 4. 掌握各种典型机床电气控制电路的分析和故障排除方法
	技能目标	1. 学会阅读、分析机床电气控制原理图和常见故障诊断、排除的方法与步骤； 2. 初步具有从事电气设备安装、调试、运行及维护的能力； 3. 通过对常见电气控制电路的分析，能够具备识读复杂电气控制电路图的能力和常见故障的诊断与排除能力
	素质目标	1. 通过分析机电控制柜，培养学生精益求精、一丝不苟的工作作风； 2. 教育学生树立质量安全意识；培养学生职业精神、职业素养与6S素养

生产企业的电气设备繁多，控制系统也各异，理解、掌握电气控制系统的原理对电气设备的安装、调试及运行维护是十分重要的，学会分析电气控制原理图是理解、掌握电气控制系统的基础。本项目以机械加工业中常用的机床如车床、万能铣床的电气控制电路分析与故障排除为导向，使读者掌握分析电气控制系统的方法，提高读图能力，学会分析和处理电气故障。

大国工匠

任务一 CA6140型车床电气控制电路分析与故障排除

一、任务导入

车床是一种应用最为广泛的金属切削机床，主要用来车削外圆、内圆、端面、螺纹和定型表面等。除车刀外，还可用钻头、铰刀和镗刀等刀具进行加工。在各种车床中，用得最多的是卧式车床。

本任务主要讨论 CA6140 型车床的电气控制原理及故障排除。

二、相关知识

（一）车床的结构及运动

卧式车床主要由床身、主轴变速箱、挂轮箱、进给箱、溜板箱、溜板与刀架、尾座、丝杠、光杠等部件组成，如图 3-1 所示。

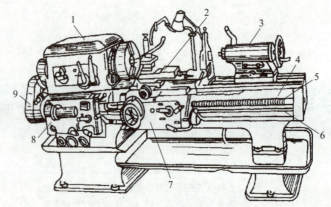

图 3 – 1　卧式车床结构示意图

1—主轴变速箱；2—刀架；3—尾座；4—床身；5—丝杠；6—光杠；7—溜板箱；8—进给箱；9—挂轮箱

为了加工各种螺旋表面，车床必须具有切削运动和辅助运动。切削运动包括主运动和进给运动，而切削运动以外的其他运动皆为辅助运动。

车床的主运动是由主轴通过卡盘带动工件的旋转运动，它承受车削加工时的主要切削功率。车削加工时，应根据加工零件的材料性质、刀具几何参数、工件尺寸、加工方式及冷却条件等来选择切削速度，要求主轴调速范围宽。卧式车床一般采用机械有级调速。加工螺纹时，C650 型卧式车床通过主电动机的正反转来实现主轴的正反转，当主轴反转时，刀架也跟着后退。有些车床，通过机械方式实现主轴正反转。进给运动是溜板带动刀架的纵向或横向运动。由于车削温度高，需要配备冷却泵及电动机。此外，还配备一台功率为 2.2 kW 的电动机来拖动溜板箱快速移动。C650 型卧式车床采用 30 kW 的电动机为主电动机。

（二）机床电气控制电路分析的内容

通过对机床各种技术资料的分析，了解机床的结构、组成，掌握机床电气电路的工作原理、操作方法、维护要求等，为今后从事机床电气部分的维护工作提供必要的基础知识。

1. 设备说明书

设备说明书由机械、液压与电气三部分内容组成，阅读这三部分说明书，重点掌握以下内容：

①机床的构造，主要技术指标，机械、液压、气动部分的传动方式与工作原理。

②电气传动方式，电动机及执行电器的数目，技术参数、安装位置、用途与控制要求。

③了解机床的使用方法、操作手柄、开关、按钮、指示信号装置以及它们在控制电路中的作用。

④熟悉与机械、液压部分直接关联的电器（如行程开关、电磁阀、电磁离合器、传感器等）的位置、工作状态以及与机械、液压部分的关系，及控制电路的作用。特别是机械操作手柄与电气开关元件的关系、液压系统与电气控制的关系。

2. 电气控制原理图

电气控制原理图由主电路、控制电路、辅助电路、保护与联锁环节以及特殊控制电路等部分组成，这是机床电气控制电路分析的中心内容。

在分析电气原理图时，必须结合其他技术资料。例如，电动机和电磁阀等的控制方式、位置及作用，各种与机械有关的开关和主令电器的状态等，这些只有通过阅读说明书才能知晓。

3. 电气设备安装接线图

阅读分析安装接线图，可以了解系统组成分布情况，各部分的连接方式，主要电器元件的位置和安装要求，导线和穿线管的型号规格等。这是设备安装不可缺少的资料。

阅读电气设备安装接线图也应与电气原理图、设备说明书结合起来进行。

4. 电气元器件布置图和接线图

这是制造、安装、调试和维护电气设备必需的技术资料。在调试、检修中可通过布置图和接线图迅速方便地找到各电气元器件的测试点，进行必要的检测、调试和维修。

（三）机床电气原理图阅读分析的方法和步骤

在仔细阅读了设备说明书，了解了机床电气控制系统的总体结构、电动机和电气元件的分布及控制要求等内容后，即可阅读分析电气原理图。阅读、分析电气原理图的基本原则是"先机后电、先主后辅、化整为零、集零为整、统观全局、总结特点"。

1. 先机后电

首先了解设备的基本结构、运行方式、工艺要求和操作方法等，以期对设备有个总体的把握，进而明确设备电力拖动的控制要求，为阅读、分析电路做好前期准备。

2. 先主后辅

先阅读主电路，看机床由几台电动机拖动及各台电动机的作用，结合工艺要求确定各台电动机的起动、转向、调速、制动等的控制要求及保护环节。而主电路各控制要求是由控制电路来实现的，此时要运用化整为零的方法阅读控制电路。最后再分析辅助电路。

3. 化整为零

在分析控制电路时，将控制电路的功能分为若干个局部控制电路，从电源和主令信号开始，经过逻辑判断，写出控制流程，用简明的方式表达出电路的自动工作过程。然后分析辅助电路，辅助电路包括信号电路、检测电路与照明电路等。这部分电路大多是由控制电路中的元件来控制的，可结合控制电路一并分析。

4. 集零为整、统观全局

经过"化整为零"逐步分析每一局部电路的工作原理后，用"集零为整"的方法来"统观全局"，明确各局部电路之间的控制关系、联锁关系，机电之间的配合情况，各保护环节的设置等。

5. 总结特点

经过上述对电气原理图阅读分析后，总结出机床电气原理图的特点，从而对机床电气原理图有更进一步的理解。

三、实施任务

(一) 训练目标

①掌握机床电气设备调试、故障分析及故障排除的方法和步骤。

②熟悉 CA6140 型车床电气控制电路的特点，掌握电气控制电路的工作原理。

③会操作车床电气控制系统，加深对车床电气控制电路工作原理的理解。

④能正确使用万用表、电工工具等对车床电气控制电路进行检查、测试和维修。

(二) 设备与器材

任务所需设备与器材见表 3 - 1。

表 3 - 1　任务所需设备与器材

序号	名称	符号	技术参数	数量	备注
1	CA6140 型车床配电柜			1 套	
2	常用电工工具			1 套	表中所列元件及器材仅供参考
3	数字式万用表			1 只	
4	绝缘电阻表			1 只	

(三) 内容与步骤

1. CA6140 型车床的电气控制电路分析

CA6140 型车床电气控制电路原理图如图 3 - 2 所示。

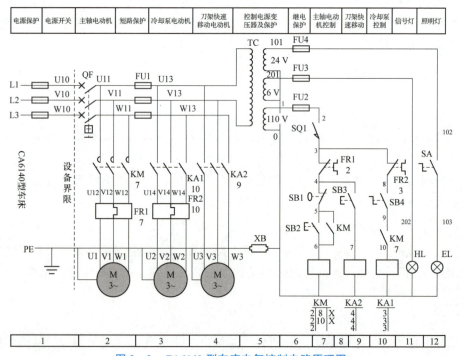

图 3 - 2　CA6140 型车床电气控制电路原理图

（1）主电路分析

主电路共有三台电动机。M1 为主轴电动机（位于原理图 2 区），带动主轴旋转和刀架作进给运动；M2 为冷却泵电动机（位于原理图 4 区）；M3 为刀架快速移动电动机（位于原理图 3 区）。三台电动机容量都小于 10 kW，均采用直接启动，皆为接触器控制的单向运行电路。三相交流电源通过开关 QF 引入，M1 由接触器 KM 控制其启停，FR1 作为过载保护。M2 由接触器 KA1 控制其启停，因 M3 为短时工作，所以未设过载保护。M3 由接触器 KM 控制器启停，FR2 作为过载保护。熔断器 FU1 ~ FU4 分别对主电路、控制电路和辅助电路实现短路保护。

（2）控制电路分析

控制电路的电源为控制变压器 TC 次级输出的分别为 110 V 和 24 V、6 V 电压。

①主轴电动机 M1 的控制。采用了具有过载保护全压启动控制的典型环节。按下启动按钮 SB2→接触器 KM 得电吸合→其辅助常开触点 KM（5、6）闭合自锁，KM 的主触点闭合→主轴电动机 M1 启动；同时其辅助常开触点 KM（7~9）闭合，作为 KA1 得电的先决条件。

按下停止按钮 SB1→接触器 KM 断电释放→电动机 M1 停转。

②冷却泵电动机 M2 的控制。采用两台电动机 M1、M3 顺序联锁控制的典型环节，以满足生产要求，使主轴电动机启动后，冷却泵电动机才能启动；当主轴电动机停止运行时，冷却泵电动机也自动停止运行。主轴电动机 M1 启动后，即在接触器 KM 得电吸合的情况下，其辅助常开触点 KM 闭合，因此合上开关 SB4，使继电器 KA1 线圈得电吸合，冷却泵电动机 M2 才能启动。

③刀架快速移动电动机 M3 的控制。采用点动控制，按下行程开关 SQ1→KA2 得电吸合→其主触点闭合→对电动机 M2 实施点动控制。电动机 M2 经传动系统，驱动溜板带动刀架快速移动。松开 SQ→KA2 断电释放→电动机 M3 停转。

（3）照明与信号电路分析

控制变压器 TC 的次级分别输出 24 V、6 V 电压，作为机床照明和信号灯的电源。EL 为机床的低压照明灯，由开关 SA 控制；HL 为电源的信号灯。

2. CA6140 型车床电气控制电路常见故障分析与检修

（1）主轴电动机 M1 不能启动

首先应检查接触器 KM 是否吸合，如果 KM 吸合，则故障一定发生在电源电路和主电路上。此故障可按下列步骤检修：

①合上电源开关 QF，用万用表测接触器 KM 主触点的电源端三相电源相线之间的电压，如果电压是 380 V，则电源电路正常。当测量接触器主触点任意两点无电压时，则故障是电源开关 QF 接触不良或连线断路。

修复措施：查明损坏原因，更换相同规格或型号的电源开关及连接导线。

②断开电源开关，用万用表电阻 $R1$ 挡测是接触器输出端之间的电阻值，如果电阻值较小且相等，说明所测电路正常；否则，依次检查 FR1、M1 以及它们之间的连线。

修复措施：查明损坏原因，修复或更换同规格、同型号的热继电器 FR、电动机 M 及其之间的连接导线。

③检查接触器 KM 主触点是否良好，如果接触不良或烧毛，则更换动、静触点或

相同规格的接触器。

④检查电动机机械部分是否良好，如果电动机内部轴承等损坏，应更换轴承；如果外部机械有问题，可配合机修钳工进行维修。

（2）主电动机 M1 启动后不自锁

当按下启动按钮 SB2 时，主轴电动机启动运转，但松开 SB2 后，M1 随之停止。造成这种故障的原因是接触器 KM1 的自锁触点接触不良或连接导线松脱。

（3）主轴电动机 M1 不能停车

造成这种故障的原因多是接触器 KM 的主触点熔焊，停止按钮 SB1 被击穿或电路中 4、5 两点连接导线短路，接触器铁芯表面粘牢污垢。可采用下列方法判明是哪种原因造成电动机 M1 不能停车：若断开 QF，接触器 KM1 释放，则说明故障为 SB1 被击穿或导线短路；若接触器过一段时间释放，则故障为铁芯表面粘牢污垢；若断开 QF，接触器 KM 不释放，则故障为主触点熔焊。根据具体故障采取相应措施修复。

（4）主轴电动机在运行中突然停车

这种故障的主要原因是热继电器 FR1 动作。发生这种故障后，一定要找出热继电器 FR1 动作的原因，排除后才能使其复位。引起热继电器 FR1 动作的原因可能是：三相电源电压不平衡，电源电压较长时间过低，负载过重以及 M1 的连接导线接触不良等。

（5）刀架快速移动电动机不能启动

首先检查 FU2 熔丝是否熔断，其次检查接触器 KM3 触点的接触是否良好，若无异常或按下 SB3，继电器 KA2 不吸合，则故障一定在控制电路中。这时依次检查 FR1 的常闭触点、点动按钮 SB3 及继电器 KA2 的线圈是否有断路现象。

3. CA6140 型车床电气控制电路故障排除

①在 CA6140 型车床控制柜上人为设置自然故障点，指导教师示范排除检修。

②教师设置故障点，指导学生如何从故障现象入手进行分析，掌握正确的故障排除、检修方法和步骤。

③设置 2~3 个故障点，让学生排除和检修，并将内容填入表 3-2。

表 3-2　CA6140 型车床电气控制电路故障排除

故障现象	分析原因	排除过程

（四）分析与思考

①CA6140 型车床电气原理图中，快速移动电动机 M2 为何没有设置过载保护？

②CA6140 型车床电气原理图中，哪两个电动机起动采用了顺序控制，为什么？

四、考核任务

考核任务见表 3-3。

表 3 - 3　考核任务表

序号	考核内容	考核要求	评分标准	配分	得分
1	电工工具及仪表的使用	能规范地使用电工工具及仪表	1. 不会电工工具使用或动作不规范，扣 5 分； 2. 不会使用万用表等仪表，扣 5 分； 3. 损坏工具或仪表，扣 10 分	10	
2	故障分析	在电气控制电路上，能正确分析故障产生的原因	1. 错标或少标故障范围，每个故障点扣 6 分； 2. 不能标出最小的故障范围，每个故障点扣 4 分	30	
3	故障排除	正确使用电工工具和仪表，找出故障点并排除故障	1. 每少查出一个故障点扣 6 分； 2. 每少排除一个故障点扣 5 分； 3. 排除故障的方法不正确，每处扣 4 分	40	
4	安全文明操作	确保人身和设备安全	违反安全文明操作规程，扣 10 ~ 20 分	20	
5	合计				

五、拓展知识——机床电气控制电路检修的方法

1. 断路故障的检修

（1）验电笔检修法

验电笔检修断路故障的方法如图 3 - 3 所示。检修时用验电笔依次测 1、2、3、4、5、6 各点，按下启动按钮 SB2，测量到哪一点验电笔不亮即断路处。用验电笔测试断路故障时应注意：

①在有一端接地的 220 V 电路中测量时，应从电源侧开始，依次测量，并注意观察验电笔的亮度，防止由于外部电场、泄漏电流造成氖管发光，而误认为电路没有断路。

②当检查 380 V 且有变压器的控制电路中的熔断器是否熔断时，应防止由于电流通过另一相熔断器和变压器的一次侧绕组回到已熔断的熔断器的出线端，造成熔断器没有熔断的假象。

（2）万用表检修法

①电压测量法。检查时将万用表旋转开关旋到交流电压 500 V 挡位上。

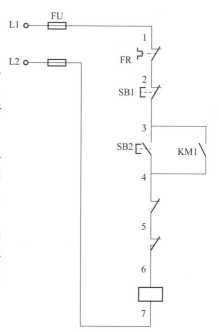

图 3 - 3　验电笔检修断路故障的方法

a. 分阶测量法。电压分阶测量法如图 3－4 所示，检查时，首先用万用表测量 1、7 两点之间的电压，若电压正常，应为 380 V，然后按住启动按钮 SB2 不放，同时将黑色表笔接到 7 号点上，红色表笔依次接 2、3、4、5、6 各点，分别测量 7－2、7－3、7－4、7－5、7－6 各阶之间的电压，电路正常情况下，各阶的电压值均为 380 V，如测到 7－5 电压为 380 V，7－6 无电压，则说明限位开关 SQ 的常闭触点（3－6）断路。根据各阶电压值来检查故障的方法见表 3－4。这种测量方法的过程像台阶一样，所以称为分阶测量法。

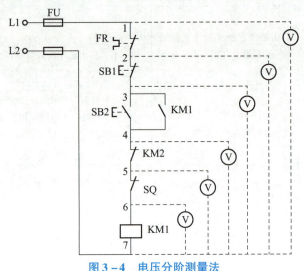

图 3－4　电压分阶测量法

表 3－4　分阶测量法判断故障原因

故障现象	测试方法	7－1	7－2	7－3	7－4	7－5	7－6	故障原因
按下 SB2，KM1 不吸合	按下 SB2 不放	380 V	380 V	380 V	380 V	380 V	0	SQ 常闭触头接触不良
		380 V	380 V	380 V	380 V	0	0	KM2 常闭触头接触不良
		380 V	380 V	380 V	0	0	0	SB2 常开触头接触不良
		380 V	380 V	0	0	0	0	SB1 常闭触头接触不良
		380 V	0	0	0	0	0	FR 常闭触头接触不良

b. 分段测量法。电压分段测量法如图 3－5 所示。检查时先用万用表测试 1、7 两点间的电压，若为 380 V，则说明电源电压正常。电压的分段测量法是用万用表红、黑两个表笔逐段测量相邻两标号点 1－2、2－3、3－4、4－5、3－6、6－7 间的电压。若电路正常，按下 SB2 后，则除 6、7 两点间的电压为 380 V 外，其他任何相邻两点间的电压均为零。若按下起动按钮 SB2 后，接触器 KM1 不吸合，则说明发生断路故障，此时可用万用表的电压挡逐段测试各相邻两点间的电压。如测量到某相邻两点间的电压为 380 V，则说明这两点间有断路故障。根据各段电压值来检查故障的方法见表 3－5。

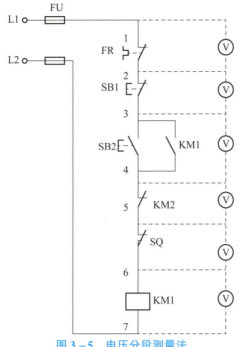

图 3 – 5　电压分段测量法

表 3 – 5　分段测量法判断故障原因

故障现象	测试方法	1 – 2	1 – 3	1 – 4	1 – 5	1 – 6	1 – 7	故障原因
按下 SB2 KM1 不吸合	按下 SB2 不放	380 V	0	0	0	0	0	FR 常闭触头接触不良
		0	380 V	0	0	0	0	SB1 常闭触头接触不良
		0	0	380 V	0	0	0	SB2 常开触头接触不良
		0	0	0	380 V	0	0	KM2 常闭触头接触不良
		0	0	0	0	380 V	0	SQ 常闭触头接触不良
		0	0	0	0	0	380 V	KM1 线圈短路

②电阻测量法。

a. 分阶测量法。电阻分阶测量法如图 3 – 6 所示。

按下启动按钮 SB2，若接触器 KM1 不吸合，则说明该电气回路有断路故障。用万用表的欧姆挡检测前应先断开电源，然后按下 SB2 不放，先测量 1、7 两点间的电阻，如电阻值为无穷大，则说明 1、7 之间的电路断路。接下来分别测量 1 – 2、1 – 3、1 – 4、1 – 5、1 – 6 各点间的电阻值，若电路正常，则该两点间的电阻值为 0；若测量某两标号间的电阻为无穷大，则说明表笔刚跨过的触点或连接导线断路。

b. 分段测量法。电阻分段测量法如图 3 – 7 所示。检查时，先切断电源，按下启动按钮 SB2，然后依次逐段测量相邻两标号点 1 – 2、2 – 3、3 – 4、4 – 5、3 – 6、6 – 7 间的电阻，如测量某两点间的电阻为无穷大，则说明这两点间的触点或连接导线断路。例如当测量 2、3 两点间电阻为无穷大时，说明停止按钮 SB1 或连接 SB2 的导线断路。

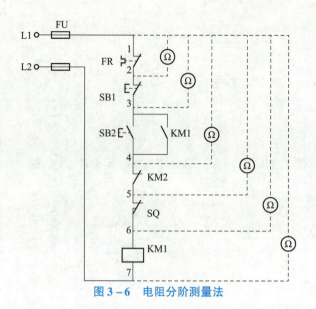

图3－6　电阻分阶测量法

电阻测量法的优点是安全，缺点是测得的电阻值不准确时容易造成判断错误。为此应注意以下几点：一是用电阻测量法检查故障时一定要断开电源；二是当被测的电阻与其他电路并联时，必须将该电路与其他电路断开，否则所测得的电阻值是不准确的；三是测量高电阻值的电气元件时，应把万用表的选择开关旋转至适合的电阻挡。

（3）短接法检修

短接法是用一根绝缘良好的导线，把所怀疑的断路部位短接，如短接后，电路被接通，则说明该处断路。

①局部短接法。局部短接法检修断路故障如图3－8所示。

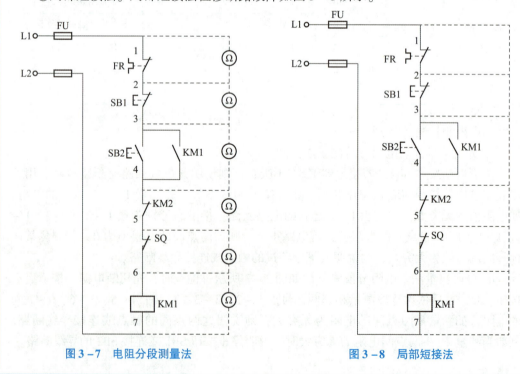

图3－7　电阻分段测量法　　　　　　　　　图3－8　局部短接法

按下启动按钮 SB2 后，若接触器 KM1 不吸合，则说明该电路有断路故障，检查时先用万用表电压挡测量 1、7 两点间的电压值，若电压正常，可按下启动按钮 SB2 不放，然后用一根绝缘良好的导线分别短接 1 – 2、2 – 3、3 – 4、4 – 5、3 – 6。若短接到某两点，接触器 KM1 吸合，则说明断路故障就在这两点之间。

②长短接。长短接法检修断路故障如图 3 – 9 所示。

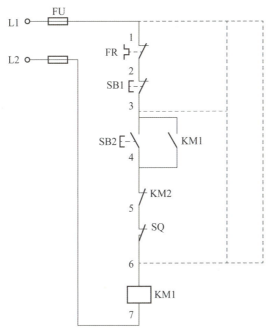

图 3 – 9　长短接法

长短接法是指一次短接两个或多个触点来检查短路故障的方法。

当 FR 的常闭触点和 SB1 的常闭触点同时接触不良时，如用上述局部短接法短接 1、2 点，按下启动按钮 SB2，KM1 仍然不会吸合，故可能会造成判断错误。而采用长短接法将 1 – 6 短接，如 KM1 吸合，则说明 1 – 6 段电路中有断路故障，然后再短接 1 – 3 和 3 – 6；若短接 1 – 3，按下 SB2 后 KM1 吸合，则说明故障在 1 – 3 段范围内，再用局部短接法短接 1 – 2 和 2 – 3，很快就能将断路故障排除。

短接法检查判断故障时应注意以下几点：

a. 短接法是用手拿绝缘导线带电操作的，所以一定要注意安全，避免触电事故发生。

b. 短接法只适用于检查压降极小的导线和触点之间的断路故障。对于压降较大的电器，如电阻、接触器和继电器的线圈等，检查其断路故障时不能采用短接法，否则会出现短路故障。

c. 对于机床的某些关键部位，必须保证电气设备或机械部分不会出现事故的情况下才能使用短接法。

2. 短路故障的检修

电源间短路故障一般是电器的触点或连接导线将电源短路。其检修方法如图

3 – 10 所示。

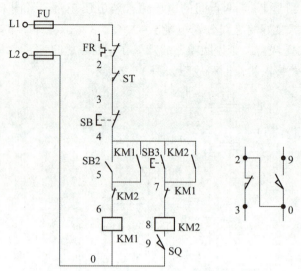

图 3 – 10　检修电源间的短路故障示意图

若图 3 – 10 中行程开关 ST 中的 2 号与 0 号线因某种原因连接将电源短路，合上电源开关，熔断器 FU 就熔断。现对采用两节 1 号干电池和一个 2.5 V 的小灯泡串联构成的电池灯进行检修，其方法如下：

①拿去熔断器 FU 的熔芯，将电池灯的两根线分别接到 1 号和 0 号线上，如灯亮，则说明电源间短路。

②将电池灯的两根线分别接到 1 号和 0 号线上，并将限位开关 SQ 的常开触点上的 0 号线拆下，按下启动按钮 SB2 时，若灯暗，则说明电源短路在这个环节。

③将电池灯的一根线从 0 号移到 9 号上，如灯灭，则说明短路在 0 号线上。

④将电池灯的两根线仍分别接到 1 号和 0 号线上，然后依次断开 4、3、2 号线，若断开 2 号线时灯灭，说明 2 号和 0 号线间短路。

六、总结任务

本任务以 CA6140 型车床电气控制电路分析与故障排除为导向，引出了机床电气控制电路分析的内容、步骤和方法，顺序控制电路的分析，机床电气控制系统故障排除的方法；学生在 CA6140 型车床电气控制电路分析及故障排除及相关知识学习的基础上，通过对 CA6140 型车床电气控制电路故障排除的操作训练，学会车床电气控制系统的分析及故障排除的基本技能，加深对相关理论知识的理解。

任务二　XA6132型铣床电气线路分析与故障排除

一、任务导入

在金属切削机床中，铣床的数量占第二位。铣床的种类很多，有卧铣、立铣、龙门铣、仿形铣和各种专用铣床，其中以卧铣和立铣使用的最为广泛。铣床可以用来加工平面、斜面和沟槽等。如果装上分度头，可以铣削直齿轮和螺旋面。如果装上圆工作台，还可以加工凸轮和弧形槽等。下面以 XA6132 型铣床为例分析铣床的电气控制。

本任务主要讨论 XA6132 型卧式万能铣床的电气控制原理及故障排除。

二、相关知识

（一）XA6132 型卧式万能铣床的主要结构及运动形式

1. 主要结构

XA6132 型卧式万能铣床主要由床身、悬梁及刀杆支架、溜板部件和升降台等组成，如图 3 – 11 所示。

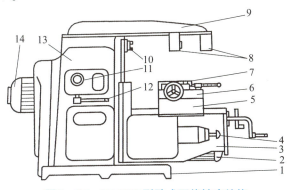

图 3 – 11 XA6132 型卧式万能铣床结构

1—底座；2—进给电动机；3—升降台；4—进给变速手柄及变速盘；5—溜板；6—转动部分；7—工作台；8—刀杆支架；9—悬梁；10—主轴；11—主轴变速盘；12—主轴变速手柄；13—床身；14—主轴电动机

2. 运动情况

铣床主运动是铣刀的旋转运动。随着铣刀的直径、工件材料和加工精度不同，要求主轴转速也不同。主轴旋转由三相笼型异步电动机拖动，不进行电气调速，通过机械变换齿轮来实现调速。为了适应顺铣和逆铣两种铣削方式的需要，主轴应能正反转，本铣床中是由电动机正反转来改变主轴方向的。为了缩短停车时间，主轴停车时采用电磁离合器实现机械制动。

进给运动为工件相对于铣刀的移动。为了铣削，进给长方形工作台有左右、上下和前后进给移动。装上附件圆工作台，还可以旋转进给运动。工作台用来安装夹具和工件。在横向溜板的水平导轨上，工作台沿导轨做左右移动。在升降的水平导轨上，使机床工件台沿导轨前后移动。升降台依靠下面的丝杠，沿床身前面的导轨同工作台一起上下移动。各进给运动方向由一台笼型异步电动机拖动，各进给反向选择由机械切换来实现，进给运动速度由机械变换齿轮来实现变速。进给运动时可以上下、左右、前后移动，进给电动机应能正反转控制。

为了使主轴变速、进给变速时变换后的齿轮能顺利地啮合，主轴变速时主轴电动机应能转动一下，进给变速时进给电动机也应能转动一下。这种变速时电动机稍微转动一下，称为变速冲动。

其他运动包括：工作台在 6 个进给运动方向的快速移动；工作台上下、前后、左右的手摇移动；回转盘使工作台向左右转动 ±45°杆支架的水平移动。除了进给运动几个方向的快速移动由电动机拖动外，其余均为手动。

进给运动速度与快速移动速度的区别，是进给运动速度低，快速移动速度高，在机械方面由改变传动链来实现。

（二）XA6132 型卧式万能铣床的电力拖动特点及控制要求

1. XA6132 型卧式万能铣床电力拖动特点

XA6132 型卧式万能铣床主轴传动机构在床身内，进给传动机构在升降台内，由于主轴旋转运动与工作台进给运动之间不存在速度比例关系，为此采用单独拖动方式。主轴由一台功率为 7.5 kW 的法兰盘式三相异步电动机拖动；进给传动由一台功率为 1.5 kW 的法兰盘式三相异步电动机拖动；铣削加工时所需的冷却剂由一台 0.125 kW 的冷却泵电动机拖动柱塞式油泵供给。

2. 主轴拖动对电气控制的要求

①为适应铣削加工需要，主轴要求调速。为此该铣床采用机械变速，它由主变速机构中的拨叉来移动主轴传动系统中的三联齿轮和一个双联齿轮，使主轴获得 30 ~ 1 500 r/min 的 18 种转速。

②铣床加工方式有顺铣和逆铣两种，分别使用顺铣刀和逆铣刀，要求主轴能正反转，但旋转方向无须经常变换，仅在加工前预选主轴旋转方向。为此，主轴电动机应能正反转，并由转向选择开关来选择电动机的方向。

③铣削加工为多刀多刃不连续切削，这样直接切削时会产生负载波动，为减轻负载波动带来的影响，往往在主轴传动系统中加入飞轮，以加大转动惯量，这样一来，又对主轴制动带来了影响，为此主轴电动机停转时应设有制动环节。同时，为了保证安全，主轴在上刀时，也应使主轴制动。XA6132 型卧式万能铣床采用电磁离合器来控制主轴停转制动和主轴上刀制动。

④为适应加工的需要，主轴转速与进给速度应有较宽的调节范围。XA6132 型卧式万能铣床采用机械变速的方法，为保证变速时齿轮易于啮合，减小齿轮端面的冲击，要求变速时有电动机瞬时冲动。

⑤为适应铣削加工时操作者在铣床正面或侧面的操作要求，主轴电动机的启动、停止等控制应能两地操作。

3. 进给拖动对电气控制的要求

①XA6132 型卧式万能铣床工作台运行方式有手动、进给运动和快速移动三种。其中手动为操作者通过摇动手柄使工作台移动；进给运动与快速移动则是由进给电动机拖动，是在工作进给电磁离合器与快速移动电磁离合器的控制下完成的运动。

②为减少按钮数量，避免误操作，对进给电动机的控制采用电气开关、机构挂挡相互联动的手柄操作，即扳动操作手柄的同时压合相应的电气开关，挂上相应传动机构的挡位，而且要求操作手柄扳动方向与运动方向一致，增强直观性。

③工作台的进给有左右的纵向运动，前后的横向运动和上下的垂直运动，其中任何一个运动都是由进给电动机拖动的，故进给电动机要求正反转。采用的操作手柄有

两个，一个是纵向操作手柄，另一个是横向操作手柄。前者有左、右、中间 3 个位置，后者有上、下、前、后、中间 5 个位置。

④进给运动的控制也为两地操作方式。所以，纵向操作手柄与垂直、横向操作手柄各有两套，可在工作台正面与侧面实现两地操作，且这两套操作手柄是联动的，快速移动也为两地操作。

⑤工作台具备左右、上下、前后 6 个方向的运动，为保证安全，同一时间只允许一个方向的运动。因此，应具有 6 个方向的联锁控制环节。

⑥进给运动由进给电动机拖动，经进给变速机构可获得 18 种进给速度。为使变速后齿轮能顺利啮合，减小齿轮端面的撞击，进给电动机应在变速后作瞬时冲动。

⑦为使铣床安全可靠地工作，铣床工作时，要求先启动主轴电动机（若换向开关扳在中间位置，主轴电动机不旋转），才能启动进给电动机。停转时，主轴电动机与进给电动机同时停止，或先停进给电动机，后停主轴电动机。

⑧工作台上下、左右、前后 6 个方向的移动应设有限位保护。

4. 其他控制要求

①冷却泵电动机用来拖动冷却泵，要求冷却泵电动机单方向转动，视铣削加工需要选择。

②整个铣床电气控制具有完善的保护，如短路保护、过载保护、开门断电保护和紧急保护等。

（三）电磁离合器

XA6132 型卧式万能铣床主轴电动机停车制动、主轴上刀制动以及进给系统的工作台进给和快速移动皆由电磁离合器来实现。

电磁离合器是利用表面摩擦和电磁感应原理，在两个作旋转运动的物体间传递转矩的执行电器。由于它便于远距离控制，控制能量小，动作迅速、可靠，结构简单，广泛应用于机床的电气控制。铣床上采用的是摩擦片式电磁离合器。

摩擦片式电磁离合器，按摩擦片的数量可分为单片式和多片式两种，机床上普遍采用多片式电磁离合器，其结构如图 3 - 12 所示。

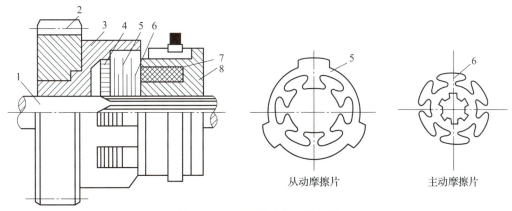

从动摩擦片　　　　　　　　　　　主动摩擦片

图 3 - 12　摩擦片式电磁离合器

1—主动轴；2—从动轴；3—套筒；4—衔铁；5—从动摩擦片；6—主动摩擦片；7—线圈；8—铁芯

工作原理：在主动轴的花键轴端，装有主动摩擦片，它可以轴向自由移动，但因系花键连接，故将随同主动轴一起转动。从动摩擦片与主动摩擦片交替叠装，其外缘凸起部分卡在与从动轴固定在一起的套筒内，因而可以随从动齿轮转动，并在主动轴转动时它可以不转。当线圈通电后产生磁场，将摩擦片吸向铁芯，衔铁也被吸住，紧紧压住各摩擦片。于是，依靠主动摩擦片与从动摩擦片之间的摩擦力，使从动齿轮随主动轴转动，实现转矩的传递。当电磁离合器线圈电压达到额定值的85%～105%时，离合器就能可靠地工作。当线圈断电时，装在内外摩擦片之间的圈状弹簧使衔铁和摩擦片复原，离合器便失去传递转矩的作用。

动作电压：当电磁离合器线圈电压达到额定值的85%～105%时，离合器可靠地工作。

（四）万能转换开关

万能转换开关是具有更多操作位置和触点，能换接多个电路的一种手控电器。因它能控制多个电路，适应复杂电路要求，故称"万能"转换开关。万能转换开关主要用于控制电路换接，也可用于小容量电动机的启动、换向、调速和制动控制。

万能转换开关的结构如图3－13所示，它由触点座、凸轮、转轴、定位结构、螺杆和手柄等组成，并由1～20层触点底座叠装，其中每层底座均装三对触点，并由触点底座中的凸轮（套在转轴上）来控制三对触点的接通和断开。由于凸轮可制成不同形状，因此转动手柄到不同位置时，通过凸轮作用，可使各对触点按所需的变化规律接通或断开，以达到换接电路的目的。

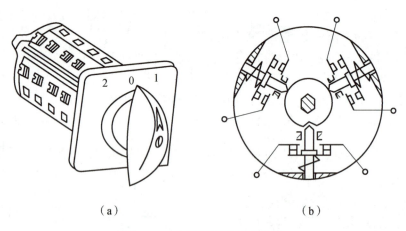

（a）　　　　　　　　　　　（b）

图3－13　万能转换开关的结构
（a）外形；（b）结构

万能转换开关在电路中的符号如图3－14（a）所示，中间的竖线表示手柄的位置，当手柄处于某一位置时，处在接通状态的触点下方虚线上标有小黑点。触点的通断状态也可以用图3－14（b）所示的触点分合表来表示，"＋"号表示触点闭合，"－"表示触点断开。

常用的万能转换开关有LW2、LW5、LW6、LW8等系列。

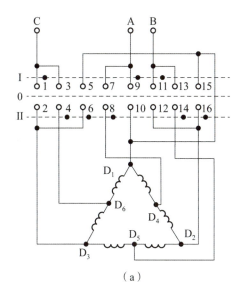

触点通断状态表

触点标号	手柄位置		
	I	0	II
1—2	+	−	−
3—4	−	−	+
5—6	−	−	+
7—8	−	−	+
9—10	+	−	−
11—12	+	−	−
13—14	−	−	+
15—16	−	−	+

（a）　　　　　　　　　　　　　（b）

图 3 − 14　万能转换开关的电路图形与触点分合表

三、实施任务

（一）训练目标

①熟悉 XA6132 型卧式万能铣床电气控制电路的特点，掌握电气控制电路的工作原理。

②学会电气控制原理分析，通过操作观察各电器和电动机的动作过程，加深对电路工作原理的理解。

③能正确使用万用表、电工工具等对铣床电气控制电路进行检查、测试和维修。

（二）设备与器材

任务所需设备与器材见表 3 − 6。

表 3 − 6　任务所需设备与器材

序号	名称	符号	技术参数	数量	备注
1	XA6132 配电柜			1 套	表中所列元件及器材仅供参考
2	常用电工工具			1 套	
3	数字式万用表			1 只	
4	绝缘电阻表			1 只	

（三）内容与步骤

XA6132 型万能升降台铣床电路原理如图 3 − 15 所示。

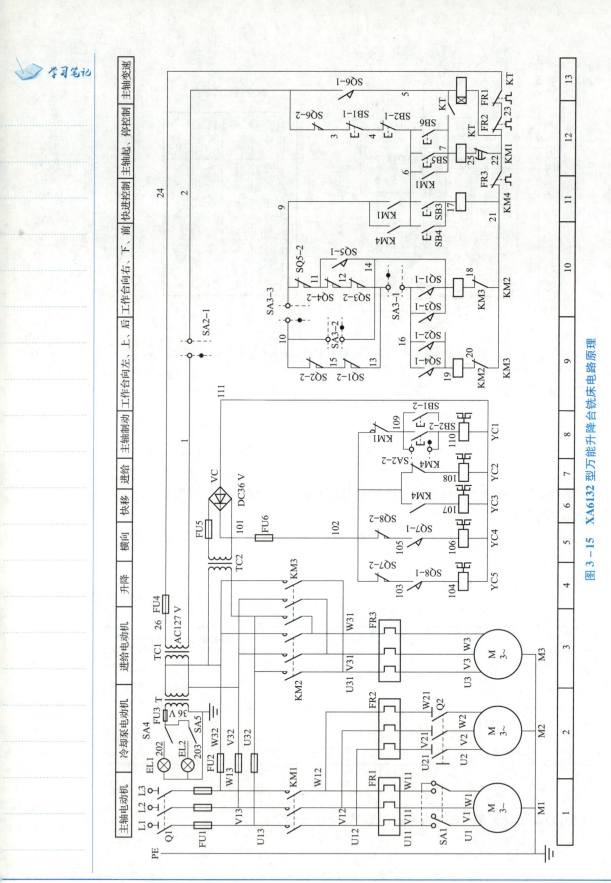

图 3-15 XA6132 型万能升降台铣床电路原理

（1）主轴电动机的控制

①主轴电动机的启动。为了操作方便，主轴电动机的启动与停止在两处中的任何一处均可操作，一处设在工作台的前面，另一处设在床身的侧面。主轴电动机的控制如图 3–16 所示。启动前，先将主轴换向开关 SA1 旋转到所需要的旋转方向，然后按下启动按钮 SB5 或 SB6，接触器 KM1 因线圈通电而吸合，其动合（常开）辅助触点（6–7）闭合进行自锁，动合（常开）主触点闭合，电动机 M1 便拖动主轴旋转。在主轴起动的控制电路中串联有热继电器 FR1 和 FR2 的动断（常闭）触点（22–23）和（23–24）。这样，当电动机 M1 和 M2 中有任一台电动机过载，热继电器动断（常闭）触点的动作将使两台电动机都停止运行。

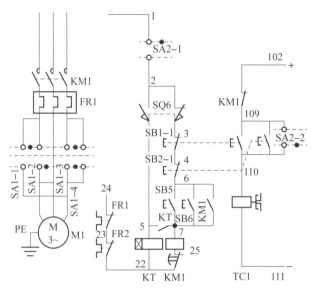

图 3–16　主轴电动机的控制

主轴启动的控制回路为：1→SA2–1→SQ6–2→SB1–1→SB2–1→SB5（或 SB6）→KM1 线圈→KT→22→FR2→23→FR1→24。

②主轴的停车制动。按下停止按钮 SB1 或 SB2，其动断（常闭）触点（3–4）或（4–6）断开，接触器 KM1 因断电而释放，但主轴电动机因惯性仍然在旋转。按停止按钮时应按到底，这时其动合（常开）触点（109–110）闭合，主轴制动离合器 YC1 因线圈通电而吸合，使主轴制动，迅速停止旋转。

③主轴的变速冲动。主轴变速时，首先将变速操纵盘上的变速操作手柄拉出，然后转动变速盘，选好速度后再将变速操作手柄推回。在把变速操作手柄推回到原来位置的过程中，通过机械装置使冲动开关 SQ6–1 闭合一次，SQ6–2 断开。SQ6–2（2–3）断开，切断了 KM1 接触器自锁回路，SQ6–1 瞬时闭合，时间继电器 KT 线圈通电，其动合（常开）触点（5–7）瞬时闭合，使接触器 KM1 瞬时通电，主轴电动机瞬时转动，以利于变速齿轮进入啮合位置；同时，时间继电器 KT 线圈通电，其动断（常闭）触点（25–22）延时断开，又断开 KM1 接触器线圈电路，以防止由于操作者延长推回手柄的时间而导致电动机冲动时间过长、变速齿轮转速高而发生打坏轮齿的现象。

主轴变速时不必先按停止按钮再变速。这是因为在把变速手柄推回到原来位置的过程中，通过机械装置使 SQ6-2（2-3）触点断开，使接触器 KM1 因线圈断电而释放，电动机 M1 停止转动。

④换刀时的主轴制动。为了使主轴在换刀时不随意转动，换刀前应将主轴制动。将转换开关 SA2 扳到换刀位置，它的一个触点（1-2）断开了控制电路的电源，以保证人身安全；另一个触点（109-110）接通了主轴制动电磁离合器 YC1，使主轴不能转动。换刀后再将转换开关 SA2 扳回工作位置，使触点 SA2-1（1-2）闭合，触点 SA2-2（109-110）断开，断开主轴制动离合器 YC1，接通控制电路电源。

（2）进给电动机的控制

合上电源开关 Q1，启动主轴电动机 M1，接触器 KM1 吸合自锁，进给控制电路有电压，就可以启动进给电动机 M3。

①工作台纵向（左、右）进给运动的控制。先将回转工作台的转换开关 SA3 扳在"断开"位置，这时，回转工作台转换开关 SA3 触点的通断情况见表 3-7。

表 3-7　回转工作台转换开关 SA3 触点的通断情况

触点	回转工作台位置	
	接通	断开
SA3-1（13-16）	-	+
SA3-2（10-14）	+	-
SA3-3（9-10）	-	+

由于 SA3-1（13-16）闭合，SA3-2（10-14）断开，SA3-3（9-10）闭合，所以这时工作台的纵向、横向和垂直方向进给的控制如图 3-17 所示。

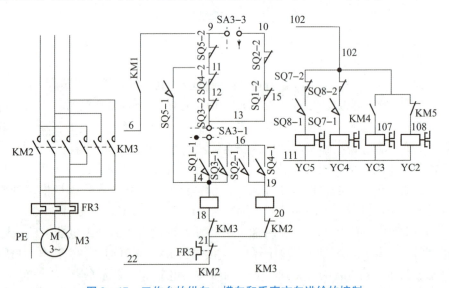

图 3-17　工作台的纵向、横向和垂直方向进给的控制

将工作台纵向运动手柄扳到右边位置（见图 3-18）时，一方面机械机构将进给电动机的传动链和工作台纵向移动机构相连接，另一方面压下向右进给的微动开关 SQ1，

其动断（常闭）触点 SQ1 - 2（13 - 15）断开，动合（常开）触点 SQ1 - 1（14 - 16）闭合。触点 SQ1 - 1 的闭合使正转接触器 KM2 因线圈通电而吸合，进给电动机 M3 正向旋转，拖动工作台向右移动。

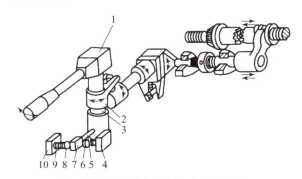

图 3 - 18　工作台纵向进给操作机构

1—手柄；2—叉子；3—垂直轴；4—微动开关 SQ1；5，9—弹簧；6，8—可调螺钉；
7—压块；10—微动开关 SQ2

向右进给的控制回路是：9→SQ5 - 2→SQ4 - 2→SQ3 - 2→SA3 - 1→SQ1 - 1→KM2→KM3→21。

当将纵向进给手柄向左扳动时，一方面机械机构将进给电动机的传动链和工作台纵向移动机构相连接，另一方面压下向左进给的微动开关 SQ2，其动断（常闭）触点 SQ2 - 2（10 - 15）断开，动合（常开）触点 SQ2 - 1（16 - 19）闭合。触点 SQ2 - 1 的闭合使反转接触器 KM3 因线圈通电而吸合，进给电动机 M3 就反向转动，拖动工作台向左移动。

向左进给的控制回路是：9→SQ5 - 2→11→SQ4 - 2→12→SQ3 - 2→13→SA3 - 1→16→SQ2 - 1→19→KM3→20→KM2→21。

当将纵向进给手柄扳回到中间位置（或称零位）时，一方面纵向运动的机械机构脱开，另一方面微动开关 SQ1 和 SQ2 都复位，其动合（常开）触点断开，接触器 KM2 和 KM3 释放，进给电动机 M3 停止，工作台也停止。

在工作台的两端各有一块挡铁，当工作台移动到挡铁碰动纵向进给手柄时，会使纵向进给手柄回到中间位置，实现自动停车，这就是终端限位保护。

调整挡铁在工作台上的位置，可以改变停车的终端位置。

②工作台横向（前、后）和垂直方向（上、下）进给运动的控制。首先也要将回转工作台转换开关 SA3 扳到"断开"位置，这时的控制电路也如图 3 - 17 所示。

操纵工作台横向进给运动和垂直方向进给运动的手柄为十字手柄，有两个，分别装在工作台左侧的前方和后方。它们之间有机构连接，只需操纵其中的任意一个即可。手有上、下、前、后和零共 5 个位置。进给也是由进给电动机 M3 拖动。扳动十字手柄时，通过连动机构压下相应的位置开关 SQ3 或 SQ4，与此同时，操纵鼓轮压下 SQ7 或 SQ8，使电磁离合器 YC4 或 YC5 通电，电动机 M3 启动，实现横向（前、后）进给或垂直方向（上、下）进给运动。

当将十字手柄扳到向下或向前位置时，一方面通过电磁离合器 YC4 或 YC5 将进给电动机 M3 的传动链和相应的机构连接，另一方面压下微动开关 SQ3，其动断（常闭）

触点 SQ3 - 2（12 - 13）断开，动合（常开）触点 SQ3 - 1（14 - 16）闭合，正转接触器 KM2 因线圈通电而吸合，进给电动机 M3 正向转动。当十字手柄压向 SQ3 时，若向前压，则同时触压 SQ7，使电磁离合器 YC4 通电，工作台向前移动；若向下压，则同时触压 SQ8，使电磁离合器 YC5 通电，接通垂直方向传动链，工作台向下移动。

十字手柄向下、向前时的控制回路是：6→KM1→9→SA3 - 3→10→SQ2 - 2→15→SQ1 - 2→13→SA3 - 1→16→SQ3 - 1→KM2→18→KM3→21。

十字手柄向下，向前时的控制回路相同，但电磁离合器通电不一样。向下时触压 SQ8，电磁离合器 YC5 通电；向前时触压 SQ7，电磁离合器 YC4 通电，改变传动链。

当将十字手柄扳到向上或向后位置时，一方面压下微动开关 SQ4，其动断（常闭）触点 SQ4 - 2（11 - 12）断开，动合（常开）触点 SQ4 - 1（16 - 19）闭合，反转接触器 KM3 因线圈通电而吸合，进给电动机 M3 反向转动；另一方面操纵鼓轮压下微动开关 SQ7 或 SQ8。十字手柄若向后，则压下 SQ7，使 YC4 通电，接通向后的传动链，在进给电动机 M3 反向转动下，工作台向后移动；十字手柄若向上，则压下 SQ8，使电磁离合器 YC5 通电，接通向上的传动链，在进给电动机 M3 反向转动下，工作台向上移动。

十字手柄向上、向后时的控制回路是：6→KM1→9→SA3 - 3→10→SQ2 - 2→15→SQ1 - 2→13→SA3 - 1→16→SQ4 - 1→19→KM3→20→KM2→21。

十字手柄向上、向后时的控制回路相同，电动机 M3 反转，但电磁离合器通电不一样。向上时，在压 SQ4 的同时压下 SQ8，电磁离合器 YC5 通电；向后时，在压 SQ4 的同时压下 SQ7，电磁离合器 YC4 通电，改变传动链。

当手柄回到中间位置时，机械机构都已脱开，各开关也都已复位，接触器 KM2 和 KM3 都已释放，所以进给电动机 M3 停止运行，工作台也停止移动。

工作台前后移动和上下移动均有限位保护，其原理和前面介绍的纵向移动限位保护的原理相同。

③工作台的快速移动。在进行对刀时，为了缩短对刀时间，应快速调整工作台的位置，也就是将工作台快速移动。工作台快速移动的控制电路如图 3 - 19 所示。

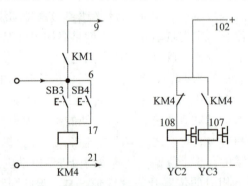

图 3 - 19　工作台快速移动的控制电路

主轴起动以后，将操纵工作台进给的手柄扳到所需的运动方向，工作台就按操纵手柄指定的方向做进给运动。这时如按下快速移动按钮 SB3 或 SB4，接触器 KM4 因线圈通电而吸合，KM4 在直流电路中的动断（常闭）触点（102 - 108）断开，进给电磁离合器 YC2 失电。KM4 在直流电路中的动合（常开）触点（102-107）闭合，快速移动电磁离合器 YC3 通电，接通快速移动传动链。工作台按原操作手柄指定的方向快速移动。当松开快速移动按钮 SB3 或 SB4 时，接触器 KM4 因线圈断电而释放，快速移动电磁离合器 YC3 因 KM4 的动合（常开）触点（102-107）断开而分离，进给电磁离合器 YC2 因 KM4 的动断（常闭）触点（102-108）闭合而接通进给传动链，工作台就以原进给的速度和方向继续移动。

④进给变速冲动。为了使进给变速时齿轮容易啮合，进给也有变速冲动。进给变速冲动控制电路如图 3-20 所示。变速前也应先启动主轴电动机 M1，使接触器 KM1 吸合，它在进给变速冲动控制电路中的动合（常开）触点（6-9）闭合，为变速冲动做准备。

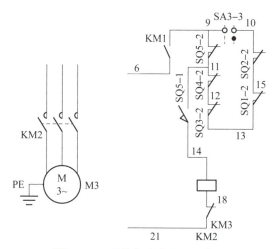

图 3-20　进给变速冲动控制电路

变速时将变速盘往外拉到极限位置，再把它转到所需的速度，最后将变速盘往里推。在推的过程中挡块压一下微动开关 SQ5，其动断（常闭）触点 SQ5-2（9-11）断开一下，同时，其动合（常开）触点 SQ5-1（11-14）闭合一下，接触器 KM2 短时吸合，进给电动机 M3 就转动一下。当将变速盘推到原位时，变速后的齿轮已顺利啮合。

变速冲动的控制回路是：6→KM1→9→SA3-3→10→SQ2-2→15→SQ1-2→13→SQ3-2→12→SQ4-2→11→SQ5-1→14→KM2→18→KM3→21。

⑤回转工作台的控制。回转工作台是机床的附件，在铣削圆弧和凸轮等曲线时，可在工作台上安装回转工作台进行铣切。回转工作台由进给电动机 M3 经纵向传动机构拖动，在开动回转工作台前，先将回转工作台转换开关 SA3 转到"接通"位置，由表 3-7 可见，SA3 的触点 SA3-1（13-16）断开，SA3-2（10-14）闭合，SA3-3（9-10）断开。这时，回转工作台控制电路如图 3-21 所示。工作台的进给操作手柄都扳到中间位置。按下主轴启动按钮 SB5 或 SB6，接触器 KM1 吸合并自锁，回转工作台的控制电路中 KM1 的动合（常开）辅助触点（6-9）也同时闭合，接触器 KM2 也紧接着吸合，进给电动机 M3 正向转动，拖动回转工作台转动。因为只有接触器 KM2 吸合，KM3 不能吸合，所以回转工作台只能沿一个方向转动。

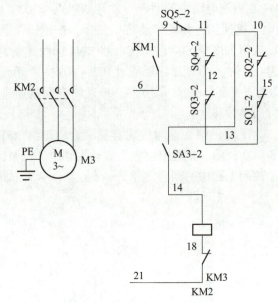

图 3 –21　回转工作台控制电路

　　回转工作台的控制回路是：6→KM1→9→SQ5 – 2→11→SQ4 – 2→12→SQ3 – 2→13→SQ1 – 2→15→SQ2 – 2→10→SA3 – 2→14→KM2→18→KM3→21。

　　⑥主轴运动与进给的联锁。只有主轴电动机 M1 启动后才可能启动进给电动机 M3。主轴电动机启动时，接触器 KM1 吸合并自锁，KM1 动合（常开）辅助触点（6 – 9）闭合，进给控制电路有电压，这时才可能使接触器 KM2 或 KM3 吸合而启动进给电动机 M3。如果工作中的主轴电动机 M1 停车，进给电动机也立即跟着停车。这样，可以防止在主轴不转时，工件与铣刀相撞而损坏机床。

　　工作台不能沿几个方向同时移动。工作台沿两个以上方向同时进给容易造成事故。由于工作台的左右移动是由一个纵向进给手柄控制的，故同一时间内不会又向左又向右。工作台的上、下、前、后是由同一个十字手柄控制的，同一时间内这 4 个方向也只能沿一个方向进给。所以只要保证两个操纵手柄都不在零位，工作台就不会沿两个方向同时进给。控制电路中的联锁解决了这一问题。在联锁电路中，将纵向进给手柄可能压下的微动开关 SQ1 和 SQ2 的动断（常闭）触点 SQ1 – 2（13 – 15）和 SQ2 – 2（10 – 15）串联在一起，再将垂直进给和横向进给的十字手柄可能压下的微动开关 SQ3 和 SQ4 的动断（常闭）触点 SQ3 – 2（12 – 13）和 SQ4 – 2（11 – 12）串联在一起，并将这两个串联电路再并联起来，以控制接触器 KM2 和 KM3 的线圈通路。如果两个操作手柄都不在零位，则有不同支路的两个微动开关被压下，其动断（常闭）触点的断开使两条并联的支路都断开，进给电动机 M3 因接触器 KM2 和 KM3 的线圈都不能通电而不能转动。

　　进给变速时两个进给操纵手柄都必须在零位。为了安全起见，进给变速冲动时不能有进给移动。当进给变速冲动时，短时间压下微动开关 SQ5，其动断（常闭）触点 SQ5 – 2（9 – 11）断开，其动合（常开）触点 SQ5 – 1（11 – 14）闭合。两个进给手柄可能压下的微动开关 SQ1 或 SQ2、SQ3 或 SQ4 的 4 个动断（常闭）触点 SQ1 – 2、

SQ2 - 2、SQ3 - 2 和 SQ4 - 2 是串联在一起的，如果有一个进给操纵手柄不在零位，则因微动开关动断（常闭）触点的断开而使接触器 KM2 不能吸合，进给电动机 M3 也就不能转动，防止了进给变速冲动时工作台的移动。

⑦回转工作台的转动与工作台的进给运动不能同时进行。由图 3 - 21 可知，当回转工作台的转换开关 SA3 转到"接通"位置时，两个进给手柄可能压下的微动开关 SQ1 或 SQ2、SQ3 或 SQ4 的 4 个动断（常闭）触点 SQ1 - 2、SQ2 - 2、SQ3 - 2 或 SQ4 - 2 是串联在一起的。如果有一个进给操纵手柄不在零位，则因开关动断（常闭）触点的断开而使接触器 KM2 不能吸合，进给电动机 M3 不能运转，回转工作台也就不能转动。只有两个操纵手柄恢复到零位，进给电动机 M3 方可运转，回转工作台方可转动。

（3）照明电路

在图 3 - 15 所示电路中，照明变压器将 380 V 的交流电压降到 36 V 的安全电压，供照明用。照明电路由开关 SA4、SA5 分别控制灯泡 EL1、EL2。熔断器 FU3 用作照明电路的短路保护。

整流变压器 TC2 输出低压交流电，经桥式整流电路 VC 给 5 个电磁离合器提供 36 V直流电源。控制变压器 TC1 输出 127 V 交流控制电压。

2. X6132 型万能升降台铣床电气电路的常见故障分析与检修

（1）主轴电动机 M1 不能启动

①转换开关 SA2 在断开位置。

②SQ6、SB1、SB2、SB5 或者 SB6、KT 延时触点中有任意一个接触不良。

③热继电器 FR1、FR2 动作后没有复位，导致它们的动断（常闭）触点不能导通。

（2）主轴电动机不能变速冲动或冲动时间过长

①不能变速冲动的原因可能是 SQ6 - 1 触点或者时间继电器 KT 的触点接触不良。

②冲动时间过长的原因是时间继电器 KT 的延时太长。

（3）工作台各个方向都不能进给

①KM1 的辅助触点 KM1（6 - 9）接触不良。

②热继电器 FR3 动作后没有复位。

（4）进给不能实现变速冲动

如果工作台能沿各个方向正常进给，那么故障的原因可能是 SQ5 - 1 动合（常开）触点损坏。

（5）工作台能够左、右和前、下运动而不能后、上运动

由于工作台能左右运动，因此 SQ1、SQ2 没有故障；由于工作台能够向前、向下运动，所以 SQ7、SQ8、SQ3 没有故障。故障的原因可能是 SQ4 位置开关的动合（常开）触点 SQ4 - 1 接触不良。

（6）工作台能够左、右和前、后运动而不能上、下运动

由于工作台能左右运动，所以 SQ1、SQ2 没有故障；由于工作台能前后运动，因此 SQ3、SQ4、SQ7、YC4 没有故障。因此故障的原因可能是 SQ8 动合（常开）触点接触不良或 YC5 线圈损坏。

（7）工作台不能快速移动

如果工作台能够正常进给，那么故障的原因可能是 SB3 或 SB4、KM4 动合（常开）

触点或 YC3 线圈损坏。

例 3 - 3 主轴电动机 M1 不能启动。

（1）故障现象。主轴电动机不能启动，KM1 线圈不得电。

（2）故障分析。首先用万用表电压挡测量变压器 TC 是否有 380 V 电压输入，如果没有，则故障范围在以下电路中（见图 3 - 22）：

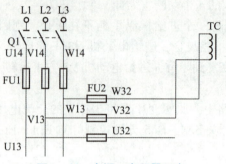

图 3 - 22 电源、变压器回来

L2→Q1→V14→FU1→V13→FU2→V32→TC；

L3→Q1→W14→FU1→W13→FU2→W32→TC。

如果有 380 V 输入，测量变压器是否有 127 V 输出，若没有，则变压器有故障；如果有，则故障范围在以下电路中（见图 3 - 23）：

SB5；

SB6→7→KM1 线圈→25→KT（25 - 22）→22→FR2→23→FR1→24→FU4→26；

KM1（6 - 7）。

（3）故障测量（假设故障是 SB1 - 1 下端的 4 断开）。用万用表测量图 3 - 23 所示电路。

①电阻法。断开 FU4，按下 SB5、SB6 或 KM1 动合（常开）触点，将一只表笔固定在 TC 的 1 点上，另外一只表笔依次测量 2、3、4、6、7、25、22、23、24 各点，正常情况下 2、3、4、6、7 各点的电阻值应近似为 0；25、22、23、24 各点的电阻值应近似为 KM1 线圈电阻值。按照假设，测到 3 点时电阻值应近似为 0，测到 SB2 - 1 的 4 点时电阻应近似为"ω"。

②电压法。按下 SB5、SB6 或 KM1 动合（常开）触点，将一只表笔固定在 TC 的 26 点上，另外一只表笔依次测量 2、3、4、6、7、25、22、23、24 各点，正常情况下 2、3、4、6、7 各点的电压值应近似为 127 V；25、22、23、24 各点的电压值应近似为 0。按照假设，测到 3 点时电压值应近似为 127 V，测到 SB2 - 1 的 4 点时电压应为 0。

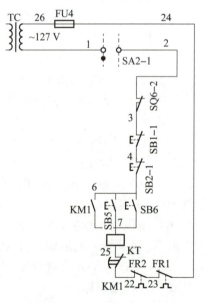

图 3 - 23 主轴接触器 KM1 回来

将 XA6132 型卧式万能铣床电气控制电路故障排除过程填入表 3 – 8 中。

表 3 – 8　XA6132 型卧式万能铣床电气控制电路故障排除

故障现象	分析原因	排除过程

（四）分析与思考

①XA6132 型卧式万能铣床电气原理图中，哪几台电动机采用的正反转控制？是如何实现的？

②XA6132 型卧式万能铣床电气控制箱门断电的保护是如何实现的？

四、考核任务

考核任务见表 3 – 9。

表 3 – 9　考核任务

序号	考核内容	考核要求	评分标准	配分	得分
1	电工工具及仪表的使用	能规范地使用电工工具及仪表	1. 电工工具不会使用或动作不规范，扣 5 分； 2. 不会使用万用表等仪表，扣 5 分； 3. 损坏工具或仪表，扣 10 分	10	
2	故障分析	在电气控制电路上，能正确分析故障产生的原因	1. 错标或少标故障范围，每个故障点扣 6 分； 2. 不能标出最小的故障范围，每个故障点扣 4 分	30	
3	故障排除	正确使用电工工具和仪表，找出故障点并排除故障	1. 每少查出一个故障点扣 6 分； 2. 每少排除一个故障点扣 5 分； 3. 排除故障的方法不正确，每处扣 4 分	40	
4	安全文明操作	确保人身和设备安全	违反安全文明操作规程，扣 10 ~ 20 分	20	
5	合计				

五、拓展知识——Z3040 型摇臂钻床的电气控制电路分析与故障排除

钻床是一种孔加工机床，可用来钻孔、扩孔、铰孔、攻丝及修刮端面等多种形式的加工。

钻床按用途和结构可分为立式钻床、台式钻床、多轴钻床、摇臂钻床及其他专用钻床等。在各类钻床中，摇臂钻床操作方便、灵活，适用范围广，具有典型性，特别适用于单件或批量生产中带有多孔大型零件的孔加工，是一般机械加工车间常见的机床。下面对 Z3040 型摇臂钻床进行重点分析。

（一）Z3040 型摇臂钻床的主要结构及运动情况

Z3040 型摇臂钻床主要由底座、内外立柱、摇臂、主轴箱及工作台等部分组成，如图 3－24 所示。内立柱固定在底座的一端，在它外面套有外立柱，外立柱可绕内立柱回转 360°，摇臂的一端为套筒，它套装在外立柱上，并借助丝杠的正反转可沿外立柱做上下移动，由于该丝杠与外立柱连成一体，而升降螺母固定在摇臂上，因此摇臂不能绕外立柱转动，只能与外立柱一起绕内立柱回转。主轴箱是一个复合部件，它由主传动电动机、主轴和主轴传动机构、进给和变速机构及机床的操作机构等部分组成，主轴箱安装在摇臂的水平导轨上，可以通过手轮操作使其在水平导轨上沿摇臂移动。当进行加工时，由特殊的夹紧装置将主轴箱紧固在摇臂导轨上，外立柱紧固在内立柱上，摇臂紧固在外立柱上，然后进行钻削加工。钻削加工时，钻头一面旋转进行切削，同时进行纵向进给。可见摇臂钻床的主运动为主轴的旋转运动；进给运动为主轴的纵向进给。辅助运动有：摇臂沿外立柱的垂直移动；主轴箱沿摇臂长度方向的移动；摇臂与外立柱一起绕内立柱的回转运动。

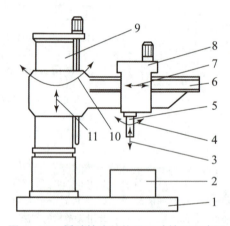

图 3－24　摇臂钻床结构及运动情况示意图

1—底座；2—工作台；3—主轴纵向进给；4—主轴旋转主运动；5—主轴；6—摇臂；
7—主轴箱沿摇臂径向运动；8—主轴箱；9—内外立柱；10—摇臂回转运动；11—摇臂垂直移动

（二）Z3040 型摇臂钻床的电力拖动特点及控制要求

根据摇臂钻床结构及运动情况，对其电力拖动和控制情况提出如下要求：

①摇臂钻床运动部件较多，为简化传动装置，采用多台电动机拖动。通常设有主轴电动机、摇臂升降电动机、立柱夹紧放松电动机及冷却泵电动机。

②摇臂钻床为适应多种形式的加工，要求主轴及进给有较大的调速范围。主轴为一般速度下的钻削加工常为恒功率负载；而低速时主要用于扩孔、铰孔、攻丝等加工，这时则为恒转矩负载。

③摇臂钻床的主运动与进给运动皆为主轴的运动，为此这两个运动由一台主轴电动机拖动，分别经主轴与进给传动机构实现主轴旋转和进给。所以主轴变速机构与进给变速机构均装在主轴箱内。

④为加工螺纹，主轴要求正反转。摇臂钻床主轴正反转一般由机械方法获得，这样主轴电动机只需单方向旋转。

（三）Z3040 型钻摇臂钻床的电气控制线路

Z3040 型摇臂钻床是在 Z35 型摇臂钻床基础上的更新产品。它取消了 Z35 汇流环的供电方式，改为直接由机床底座进线，由外立柱顶部引出再进入摇臂后面的电气壁龛；对内外立柱、主轴箱及摇臂的夹紧放松和其他一些环节，采用了先进的液压技术。由于在机械上 Z3040 有两种型式，因此其电气控制电路也有两种型式，下面以沈阳中捷友谊厂生产的 Z3040 型摇臂钻床为例进行分析。

该摇臂钻床具有两套液压控制系统，一个是操纵机构液压系统，另一个是夹紧机构液压系统。前者安装在主轴箱内，用以实现主轴正反转、停车制动、空挡、预选及变速；后者安装在摇臂背后的电器盒下部，用以夹紧或松开主轴箱、摇臂及立柱。

1. 电气控制电路分析

图 3 - 25 所示为 Z3040 型摇臂钻床电气控制电路。图 3 - 25 中 M1 为主轴电动机，M2 为摇臂升降电动机，M3 为液压泵电动机，M4 为冷却泵电动机。

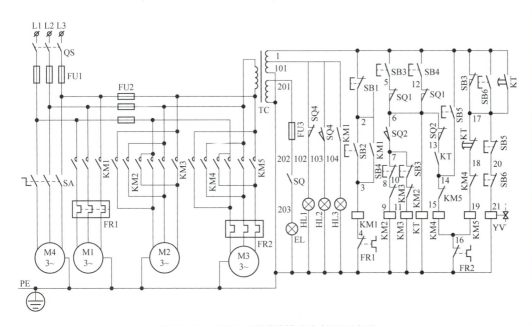

图 3 - 25　Z3040 型摇臂钻床电气控制电路

（1）主电路分析

M1 为单方向旋转，由接触器 KM1 控制，主轴的正反转则由机床液压系统操纵机构配合正反转摩擦离合器实现，并由热继电器 FR1 做电动机长期过载保护。

M2 由正反转接触器 KM2、KM3 控制实现正反转。控制电路保证在操纵摇臂升降时，首先使液压泵电动机启动旋转，供出压力油，经液压系统将摇臂松开，然后才使电动机 M2 启动，拖动摇臂上升或下降。当移动到位后，控制电路又保证 M2 先停下，再自动通过液压系统将摇臂夹紧，最后液压泵电动机才停下。M2 为短时工作，不用设长期过载保护。

M3 由接触器 KM4、KM5 实现正反转控制，并由热继电器 FR2 做长期过载保护。

M4 电动机容量小，仅 0.125 kW，由开关 SA 控制。

（2）控制电路分析

由按钮 SB1、SB2 与 KM1 构成主轴电动机 M1 的单方向旋转—启动—停止电路。M1 启动后，指示灯 HL3 亮，表示主轴电动机在旋转。

由摇臂上升按钮 SB3、下降按钮 SB4 及正反转接触器 KM2、KM3 组成具有双重互锁的电动机正反转点动控制电路。由于摇臂的升降控制需与夹紧机构液压系统紧密配合，因此与液压泵电动机的控制有密切关系。下面以摇臂的上升为例分析摇臂升降的控制。

按下上升点动按钮 SB3，时间继电器 KT 线圈通电，触点 KT（1—17）、KT（13—14）立即闭合，使电磁阀 YV、KM4 线圈同时通电，液压泵电动机启动，拖动液压泵送出压力油，并经二位六通阀进入松开油腔，推动活塞和菱形块，将摇臂松开。同时，活塞杆通过弹簧片压下行程开关 SQ2，发出摇臂松开信号，即触点 SQ2（6—7）闭合，SQ2（6—13）断开，使 KM2 通电，KM4 断电。于是电动机 M3 停止，油泵停止供油，摇臂维持松开状态；同时 M2 启动，带动摇臂上升。所以 SQ2 是用来反映摇臂是否松开并发出松开信号的电气元器件。

当摇臂上升到所需位置时，松开按钮 SB3，KM2 和 KT 断电，M2 电动机停止，摇臂停止上升。但由于触点 KT（17—18）经 1～3 s 延时闭合，触点 KT（1—17）经同样延时断开，因此 KT 线圈断电经 1～3 s 延时后，KM5 通电，YV 断电。此时 M3 反向启动，拖动液压泵，供给压力油，经二位六通阀进入摇臂夹紧油腔，向反方向推动活塞和菱形块，将摇臂夹紧。同时，活塞杆通过弹簧片压下行程开关 SQ3，使触点 SQ3（1—17）断开，使 KM5 断电，油泵电动机 M3 停止，摇臂夹紧完成。所以 SQ3 为摇臂夹紧信号开关。

时间继电器 KT 是为保证夹紧动作在摇臂升降电动机停止运转后进行而设的，KT 延时长短依摇臂升降电动机切断电源到停止惯性大小来调整。

摇臂升降的极限保护由组合开关 SQ1 来实现。SQ1 有两对常闭触点，当摇臂上升或下降到极限位置时相应触点动作，切断对应上升或下降接触器 KM2 与 KM3，使 M2 停止，摇臂停止移动，实现极限位置保护。SQ1 开关两对触点平时应调整在同时接通位置；一旦动作，应使一对触点断开，而另一对触点仍保持闭合。

摇臂自动夹紧程度由行程开关 SQ3 控制。如果夹紧机构液压系统出现故障不能夹紧，那么触点 SQ3（1—17）断不开，或者 SQ3 开关安装调整不当，摇臂夹紧后仍不能压下 SQ3，这时都会使电动机 M3 处于长期过载状态，易将电动机烧毁，为此 M3 采用热继电器 FR2 做过载保护。

主轴箱和立柱松开与夹紧的控制，主轴箱和立柱的夹紧与松开是同时进行的。当按下松开按钮 SB5 时，KM4 通电，M3 电动机正转，拖动液压泵，送出压力油，这时

YV 处于断电状态，压力油经二位六通阀，进入主轴箱松开油腔与立柱松开油腔，推动活塞和菱形块，使主轴箱和立柱实现松开。在松开的同时通过行程开关 SQ4 控制指示灯发出信号，当主轴箱与立柱松开时，开关 SQ4 不受压，触点 SQ4（101—102）闭合，指示灯 HL1 亮，表示确已松开，可操作主轴箱和立柱移动。当夹紧时，将压下 SQ4，触点（101—103）闭合，指示灯 HL2 亮，可以进行钻削加工。

机床安装后，接通电源，可利用主轴箱和立柱的夹紧、松开来检查电源相序，当电源相序正确后，再调整电动机 M2 的接线。

2. Z3040 型摇臂钻床电气控制电路常见故障分析

摇臂钻床电气控制的特点是摇臂的控制，它是机、电、液的联合控制。下面仅以摇臂移动的常见故障做分析。

（1）摇臂不能上升

由摇臂上升电气动作过程可知，摇臂移动的前提是摇臂完全松开，此时活塞杆通过弹簧片压下行程开关 SQ2，电动机 M3 停止旋转，M2 启动。下面抓住 SQ2 有无动作来分析摇臂不能移动的原因。

若 SQ2 不动作，常见故障为 SQ2 安装位置不当或发生移动。这样，摇臂虽已松开，但活塞杆仍压不上 SQ2，致使摇臂不能移动。有时也会出现因液压系统发生故障，使摇臂没有完全松开，活塞杆压不上 SQ2。为此，应配合机械、液压调整好 SQ2 位置并安装牢固。

有时电动机 M3 电源相序接反，此时按下摇臂上升按钮 SB3，电动机 M3 反转，使摇臂夹紧，更压不上 SQ2，摇臂也不会上升。所以，机床大修或安装完毕，必须认真检查电源相序及电动机正反转是否正确。

（2）摇臂移动后夹不紧分析

摇臂升降后，摇臂应自动夹紧，而夹紧动作的结束由开关 SQ3 控制。若摇臂夹不紧，说明摇臂控制电路能够动作，只是夹紧力不够。这是由于 SQ3 动作过早，使液压泵电动机 M3 在摇臂还未充分夹紧时就停止旋转。这往往是由于 SQ3 安装位置不当或松动移位，过早地被活塞杆压上动作之故。

（3）液压系统的故障

有时电气控制系统工作正常，而电磁阀芯卡住或油路堵塞，造成液压控制系统失灵，也会造成摇臂无法移动。因此，在维修工作中应正确判断是电气控制系统还是液压系统故障。

六、总结任务

本任务以 XA6132 型卧式万能铣床电气控制电路分析与故障排除为导向，引出电磁离合器、万能转换开关和 XA6132 型卧式万能铣床电气控制电路分析及故障排除的知识，学生在这些相关知识学习的基础上，通过对 XA6132 型卧式万能铣床电气控制电路故障排除的操作训练，掌握卧式铣床电气控制系统的分析及故障排除的基本技能，加深对理论知识的理解。

本任务还介绍了 Z3040 型摇臂钻床电气控制系统分析及故障排除。

知识点归纳与总结

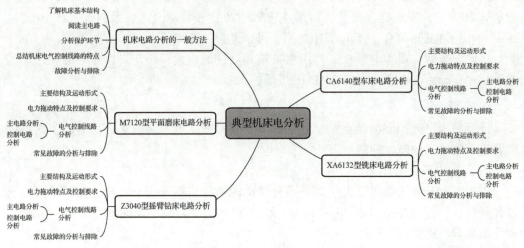

项目三 思考题与习题

一、选择题

1. Z3040 型摇臂钻床在电气原理图中使用了一个断电延时型时间继电器,它的作用是( )。

A. 升降机构上升定时　　　　　　B. 升降机构下降定时

C. 夹紧时间控制　　　　　　　　D. 保证升降电动机完全停止的延时

2. Z3040 型摇臂钻床在电气原理图中,如果行程开关 ST4 调整不当,夹紧后仍然不动作,则会造成( )。

A. 升降电动机过载　　　　　　　B. 液压泵电动机过载

C. 主动电动机过载　　　　　　　D. 冷却泵电动机过载

3. XA6132 型卧式万能铣床主轴电动机的正反转控制是由( )实现的。

A. 接触器 KM1、KM2 的主触点　　B. 接触器 KM3、KM4 的主触点

C. 换向开关 SA4　　　　　　　　D. 换向开关 SA5

二、判断题

1. CA6140 型车床电气原理图中 KM3 为控制刀架快速移动电动机 M3 起动用,因快速移动电动机 M3 是短期工作,故可不设过载保护。　　　　　　　　( )

2. CA6140 型车床为车削螺纹,主轴只要求电动机向一个方向旋转即可。　( )

3. CA6140 型车床为实现溜板箱的快速移动,由单独的快速移动电动机拖动,采用点动控制。　　　　　　　　　　　　　　　　　　　　　　　　　( )

4. CA6140 型车床电气原理图应具有必要的保护环节和安全可靠的照明和信号指示。　　　　　　　　　　　　　　　　　　　　　　　　　　　　　　( )

5. XA6132 型卧式万能铣床圆工作台运动需两个转向,且与工作台进给运动要有联锁,不能同时进行。　　　　　　　　　　　　　　　　　　　　　　( )

6. XA6132 型卧式万能铣床工作台有上、下、左、右、前 5 个方向的运动。 （　　）

7. XA6132 型卧式万能铣床，为提高主轴旋转的均匀性并消除铣削加工时的振动，主轴上装有飞轮，其转动惯量较大，因此，要求主轴电动机有停转制动控制。

（　　）

8. XA6132 型卧式万能铣床为操作方便，应能在两处控制各部件的起动或停止。

（　　）

9. 在 Z3040 型摇臂钻床中摇臂与外立柱的夹紧和松开程度是通过行程开关检测的。

（　　）

10. Z3040 型摇臂钻床主电动机采用热继电器作短路保护。 （　　）

11. Z3040 型摇臂钻床摇臂的夹紧必须在摇臂停止时进行。 （　　）

三、填空题

1. CA6140 型车床的主运动为_____，它是由主轴通过卡盘或顶尖带动工件旋转，其承受车削加工时的主要切削功率。

2. CA6140 型车床的进给运动是溜板带动刀架的纵向或_____直线运动。其运动方式有_____或自动两种。

3. CA6140 型车床主电路共有_____台电动机，分别为_____电动机、_____电动机和_____电动机。

4. CA6140 型车床电气原理图中控制变压器 TC 二次侧输出_____V 电压作为控制回路的电源。

5. XA6132 型卧式万能铣床主要由车身、_____、导杆支架、_____、主轴和_____等部分组成。

6. XA6132 型卧式万能铣床的工作台上还可以安装_____以扩大铣削能力。

7. XA6132 型卧式万能铣床为了能进行顺铣和逆铣加工，要求主轴能够实现_____运行。

8. XA6132 型卧式万能铣床的主电路中共有三台电动机。其中 M1 是_____电动机，M2 是_____电动机，M3 是_____电动机。

9. Z3040 型摇臂钻床主要由底座、_____、外立柱、_____、主轴箱、_____等组成。

10. Z3040 型摇臂钻床电气原理图中有 4 台电动机，其中 M1 为_____电动机，M2 为_____电动机，M3 为液压泵电动机，M4 为_____电动机。

11. Z3040 型摇臂钻床电气原理图中时间继电器的作用是_____。

四、简答题

1. CA6140 型车床电气控制具有哪些特点？

2. CA6140 型车床电气控制具有哪些保护？它们是通过哪些电气元器件实现的？

3. 分析 Z3040 型摇臂钻床电路中，时间继电器 KT 与电磁阀 YV 在什么时候动作？时间继电器各触点的作用是什么？

4. Z3040 型摇臂钻床发生故障，其摇臂的上升、下降动作相反，试由电气控制电路分析其故障原因。

5. XA6132 型卧式万能铣床电气控制电路中，电磁离合器 YC1～YC3 的作用是什么？

6. XA6132 型卧式万能铣床电气控制电路中，行程开关 ST1～ST6 的作用各是什么？

7. XA6132 型卧式万能铣床电气控制具有哪些联锁与保护？为何设有这些联锁与保护？它们是如何实现的？

8. XA6132 型卧式万能铣床主轴变速能否在主轴停止或主轴旋转时进行？为什么？

项目四　FX3U 系列 PLC 基本指令的应用

学习目标	知识目标	1. PLC 的结构及工作过程； 2. 编程软元件 X、Y、M、T、C、S、D 等的功能及使用方法； 3. 指令中触点类指令、线圈驱动类指令的编程； 4. 掌握梯形图和指令表之间的相互转换
	技能目标	1. 理解分配 I/O 地址，运用基本指令编制控制程序； 2. 用 GX – Developer 编程软件编制梯形图； 3. 能进行程序的离线和在线调试； 4. 能正确安装 PLC，并完成输入/输出的接线； 5. 能分析简单控制系统的工作过程
	素质目标	1. 增强学生工程实践代入感，培养学生团队协作精神和奉献精神； 2. 在帮助学生养成独立解决工程问题能力的同时，激发学生的爱国热情、民族自豪感，深入认识和理解四个自信； 3. 使学生理解从事土木工作的重要性，培养学生服务国家、服务人民的社会责任感和使命感，帮助学生建立爱岗敬业的价值观

任务一　三相异步电动机启停的PLC控制

大国工匠

一、任务导入

我们将在本任务学习利用 PLC 实现电动机启停控制的方法。

当采用 PLC 控制电动机启停时，必须将按钮的控制信号送到 PLC 的输入端，经过程序运算，再将 PLC 的输出驱动接触器 KM 线圈得电，电动机才能运行。那么，如何将输入、输出器件与 PLC 连接，如何编写 PLC 控制程序？这需要用到 PLC 内部的编程元件输入继电器 X、输出继电器 Y 以及相关的基本指令。

二、相关知识

（一）认识 PLC

PLC（Programmable Logic Controller）是一种专门为在工业环境下应用而设计的数字运算操作的电子装置。它采用可以编制程序的存储器，其内部存储执行逻辑运算、顺序运算、计时、计数和算术运算等操作的指令，并能通过数字式或模拟式的输入和输出，控制各种类型的机械或生产过程。PLC 及其有关的外围设备都应该按易于与工业控制系统形成一个整体，易于扩展其功能的原则而设计。

1. PLC 的定义

国际电工委员会（IEC）于 1987 年 2 月颁布 PLC 的标准草案（第 3 稿），草案对 PLC 定义："可编程序控制器是一种数字运算操作的电子装置，专为在工业环境下应用而设计。它采用可编程序的存储器，用来在其内部存储执行逻辑运算、顺序控制、定时、计数和算术运算等操作的指令，并通过数字式或模拟式的输入和输出，控制各种类型的机械或生产过程。可编程序控制器及其有关的外围设备都应按易于工业控制系统连成一个整体，易于扩充其功能的原则设计。"

定义强调了可编程控制器是"数字运算操作电子系统"，即它是一种计算机，能完成逻辑运算、顺序控制、定时、计数和算术操作等功能，还具有数字量或模拟量的输入/输出控制的能力。

定义还强调了可编程控制器直接应用于工业环境，需具有很强的抗干扰能力，广泛的适应能力和应用范围。这也是区别于一般微型计算机控制系统的一个重要特征。

2. PLC 的特点和分类

（1）PLC 的特点

现代工业生产具有复杂多样性，对控制要求也各不相同。PLC 因具有以下特点而深受工程技术人员的欢迎：

①可靠性高，抗干扰能力强。

②编程简单，操作方便。

③使用简单，调试维修方便。

④功能完善，应用灵活。

（2）PLC 的分类

①按应用规模和功能分类。按 I/O 点数和存储容量分类，PLC 大致可以分为大型、中型和小型三种类型。小型 PLC 的 I/O 点数在 256 点以下，用户程序存储容量在 4 KB 左右。中型 PLC I/O 总点数为 256~2 048 点，用户程序存储容量在 8 KB 左右。大型 PLC I/O 总点数在 2 048 点以上，用户程序存储容量在 16 KB 以上。PLC 还可以按功能分为低档、中档和高档机。低档机以逻辑运算为主，具有计时、计数、移位等功能。中档机一般有整数和浮点运算、数制转换、PID 调节功能、中断控制及联网功能，可用于复杂的逻辑运算及闭环控制。高档机具有更强的数字处理能力，可进行矩阵运算、函数运算，完成数据管理工作，有较强的通信能力，可以和其他计算机构成分布式生产过程综合控制管理系统。一般大型、超大型机都是高档机。

②按硬件的结构类型分类。PLC 按结构形式分类，可以分为整体式、模块式和叠装式。

整体式又称为单元式或箱体式。整体式 PLC 的 CPU 模块、I/O 模块和电源装在一个箱体机壳内，结构非常紧凑，体积小，价格低。小型 PLC 一般采用整体式结构。整体式 PLC 一般配有许多专用的特殊功能单元，如模拟量 I/O 单元、位置控制单元、数据 I/O 单元等，使 PLC 的功能得到扩展。整体式 PLC 一般用于规模较小，I/O 点数固定，以后也少有扩展的场合。

模块式又称为积木式。PLC 的各部分以模块形式分开，如电源模块、CPU 模块、输入模块、输出模块等。这些模块插在模块插座上，模块插座焊接在框架中的总线连接板上。这种结构配置灵活、装配方便、便于扩展。一般大中型 PLC 采用模块式结构。图 4 - 1 所示为模块式 PLC 示意图。模块式 PLC 一般用于规模较大，I/O 点数较多且比例比较灵活的场合。

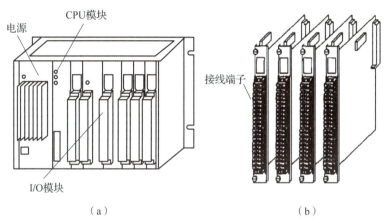

图 4 - 1　模块式 PLC 示意图

（a）模块插入机箱时的情形；（b）模块插板

叠装式结构是整体式和模块式相结合的产物。电源也可做成独立的，不使用模块式 PLC 中的母板，采用电缆连接各个单元，在控制设备中安装时可以一层层地叠装。图 4 - 2 所示为叠装式 PLC 示意图。叠装式 PLC 兼有整体式和模块式的优点，根据近年来的市场情况，整体式及模块式有结合为叠装式的趋势。

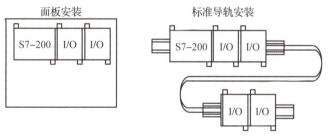

图 4 - 2　叠装式 PLC 示意图

（二）PLC 的组成

1. PLC 的基本组成

PLC 的结构多种多样，但其组成的一般原理基本相同，都是采用以微处理器为核心的结构，其基本组成包括硬件系统和软件系统。

硬件系统主要包括中央处理单元（CPU）、存储器（RAM、ROM）、输入/输出电路（I/O）、电源和外部设备等，PLC 硬件系统结构如图 4 - 3 所示。

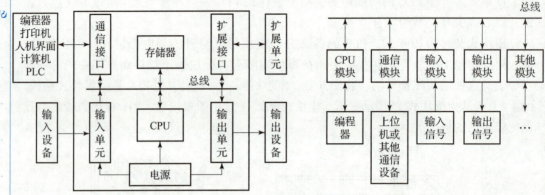

图4-3 PLC硬件系统结构

（1）CPU

CPU 是 PLC 的核心组件。CPU 一般由控制器、运算器和寄存器等组成，电路一般集成在一个芯片内。CPU 通过数据总线、地址总线和控制总线与存储单元、输入/输出电路相连接。PLC 所使用的 CPU 多为 8 位字长的单片机。为增加控制功能和提高实时处理速度，16 位或 32 位单片机也在高性能 PLC 设备中使用。不同型号 PLC 的 CPU 芯片是不同的，有的采用通用 CPU，如 8031、8051、8086、80826 等，有的采用厂家自行设计的专用 CPU（如西门子公司的 S7-1200 系列 PLC 均采用其自行研制的专用芯片）等。CPU 芯片的性能关系到 PLC 处理控制信号的能力与速度，CPU 位数越高，系统处理的信息量越大，运算速度也越快。随着 CPU 芯片技术的不断发展，PLC 所用的 CPU 芯片也越来越高档。FX3U 可编程控制器使用的是 32 位微处理器，多个 CPU 并行工作，具有高速化的扫描速度。

与普通微型计算机一样，CPU 按系统程序赋予的功能指令 PLC 有条不紊地进行工作，完成运算和控制任务。CPU 的主要用途如下：

①接收从编程器（计算机）输入的用户程序和数据，送入存储器存储。

②用扫描工作方式接收输入设备的状态信号，并存入相应数据区（输入映像寄存器）。

③监测和诊断电源、PLC 内部电路的工作状态和用户编程过程中的语法错误等。

④执行用户程序。从存储器逐条读取用户指令，完成各种数据的运算、传送和存储等功能。

⑤根据数据处理的结果，刷新有关标志位的状态和输出映像寄存器表的内容，再经过输出部件实现输出控制、制表打印或数据通信等功能。

（2）存储器

存储器主要用来存放程序和数据，PLC 的存储器可以分为系统程序存储器、用户程序存储器及工作数据存储器三种。

①系统程序存储器。系统程序存储器用来存放由 PLC 生产厂家编写的系统程序，并固化在 ROM 内，用户不能直接更改。它使 PLC 具有基本的智能，能够完成 PLC 设计者规定的各项工作。系统程序质量的好坏在很大程度上决定了 PLC 的性能，其内容主要包括三部分：第一部分为系统管理程序，它主要控制 PLC 的运行，使整个 PLC 按部

就班地工作；第二部分为用户指令解释程序，通过用户指令解释程序，将 PLC 的编程语言变为机器语言指令，再由 CPU 执行这些指令；第三部分为标准程序模块与系统调用程序，它包括许多不同功能的子程序及其调用管理程序，如完成输入、输出及特殊运算等子程序。PLC 的具体工作都是由这部分程序来完成的，这部分程序的多少决定了 PLC 性能的强弱。

②用户程序存储器。根据控制要求而编制的应用程序称为用户程序。用户程序存储器用来存放用户针对具体控制任务，用规定的 PLC 编程语言编写的各种用户程序。用户程序存储器根据所选用的存储器单元类型的不同，可以是 RAM（用锂电池进行掉电保护）、EPROM 或 E²PROM，其内容可以由用户任意修改或增删。目前较为先进的 PLC 采用可随时读/写的快闪存储器作为用户程序存储器，快闪存储器不需要后备电池，掉电时数据也不会丢失。

③工作数据存储器。工作数据存储器用来存储工作数据，即用户程序中使用的 ON/OFF 状态、数位数据等。在工作数据区中开辟有元件映像寄存器和数据表。其中，元件映像寄存器用来存储开关量、输出状态以及定时器、计数器、辅助继电器等内部器件的 ON/OFF 状态。数据表用来存放各种数据，它存储用户程序执行时的变换参数值及 A/D 转换得到的数字量和数学运算的结果等。在 PLC 断电时能保持数据的存储器区称为数据保持区。用户程序存储器和用户存储器容量的大小关系到用户程序容量的大小和内部器件的多少，是反映 PLC 性能的重要指标之一。

（3）I/O 电路

I/O 电路是 PLC 与工业控制现场各类信号连接的部分，在 PLC 被控对象间传递 I/O 信息。实际生产过程中产生的输入信号多种多样，信号电平各不相同，而 PLC 只能对标准电平进行处理。通过输入模块，可以将来自被控制对象的信号转换成 CPU 能够接收和处理的标准电平信号。同样，外部执行元件所需的控制信号电平也有差别，也必须通过输出模块将 CPU 输出的标准电平信号转换成这些执行元件所能接收的控制信号。I/O 接口电路还具有良好的抗干扰能力，因此接口电路一般包含光电隔离电路和 RC 滤波电路，用以消除输入触点的抖动和外部噪声干扰。

①输入电路。连接到 PLC 输入接口的输入器件是各种开关、按钮、传感器等。按现场信号可以接纳的电源类型不同，开关量输入接口电路可分为三类：直流输入接口、交流输入接口和交直流输入接口，使用时要根据输入信号的类型选择合适的输入模块。

交流输入接口和直流输入接口原理分别如图 4－4、图 4－5 所示。

②输出电路。开关输出电路的作用是将 PLC 的输出信号传送到用户输出设备。按输出开关器件的种类不同，PLC 的输出有三种形式，即继电器输出、晶体管输出和晶闸管输出。其中，晶体管输出型接口只能接直流负载，为直流输出接口；双向晶闸管输出型接口只能接交流负载，为交流输出接口；继电器输出型接口既可接直流负载，也可接交流负载，为交直流输出接口。

程序执行完，输出信号由输出映像寄存器送至输出锁存器，再经光电耦合器控制输出晶体管。当晶体管饱和导通时，LED 输出指示灯点亮，说明该输出端有输出信号。当晶体管截止断开时，LED 输出指示灯熄灭，说明该输出端无输出信号。图 4－6 所示为晶体管输出型原理。

AC电源型：

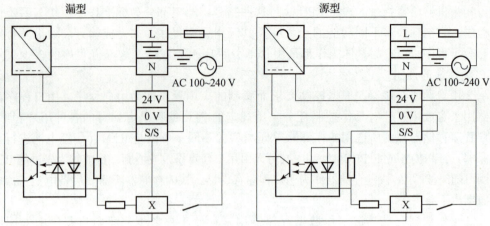

图 4-4　交流输入接口原理

DC电源型：

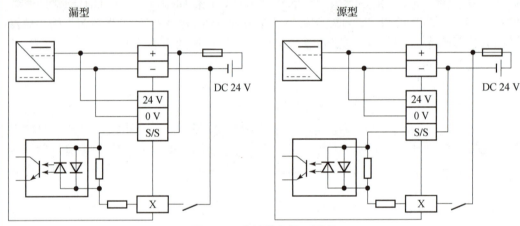

图 4-5　直流输入接口原理

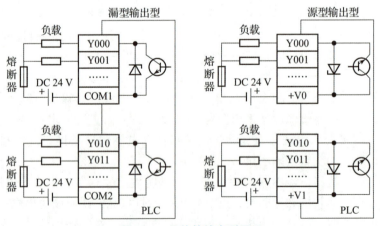

图 4-6　晶体管输出型原理

输出接口原理分别如图 4 − 7、图 4 − 8 所示。电路原理和结构与直流输出接口电路基本相似。

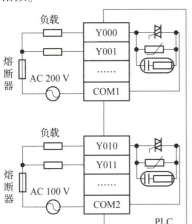

图 4 − 7　双向晶闸管输出型原理

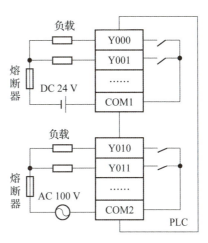

图 4 − 8　继电器输出型

（4）电源

PLC 配有开关式稳压电源模块。电源模块将交流电源转换成供 PLC 的 CPU、存储器等内部电路工作所需要的直流电源，使 PLC 正常工作。PLC 的电源部件有很好的稳压措施，因此对外部电源的稳定性要求不高，一般允许外部电源电压的额定值为 10% ~ 15%。有些 PLC 的电源部件还能向外提供直流 24 V 稳压电源，用于对外部传感器供电。为了防止在外部电源发生故障的情况下 PLC 内部程序和数据等重要信息丢失，PLC 用锂电池做停电时的后备电源。

（5）外部设备

①编程器。编程器是可将用户程序输入到 PLC 的存储器。可以用编程器检查程序、修改程序；还可以利用编程器监视 PLC 的工作状态。它通过接口与 CPU 联系，完成人机对话。

②其他外部设备。PLC 还可以配有生产厂家提供的其他外部设备，如存储器卡、EPROM 写入器、盒式磁带机、打印机等。

（三）PLC 的编程语言

PLC 是一种工业控制计算机，其功能的实现不仅基于硬件的作用，更要靠软件的支持。PLC 的软件包含系统软件和应用软件。

1. 梯形图

梯形图是一种图形语言，是从继电器控制电路图演变过来的。它将继电器控制电路图进行了简化，同时加进了许多功能强大、使用灵活的指令，将微型计算机的特点结合进去，使编程更加容易，实现的功能却大大超过传统继电器控制电路图，是目前应用最普通的一种可编程控制器编程语言。图 4 − 9 所示为继电器控制电路与 PLC 控制的梯形图，两种方式都能实现三相异步电动机的自锁正转控制。梯形图及符号的画法应遵循一定规则，各厂家的符号和规则虽然不尽相同，但是基本上大同小异。

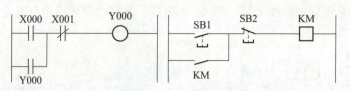

图4-9　继电器控制电路与 PLC 控制的梯形图

2. 指令表

梯形图编程语言的优点是直观、简便，但要求用带 CRT 屏幕显示的图形编程器才能输入图形符号。小型的编程器一般无法满足，而是采用经济便携的编程器将程序输入到可编程控制器中，这种编程方法使用指令语句，类似于微型计算机中的汇编语言。

语句是指令语句表编程语言的基本单元，每个控制功能由一个或多个语句组成的程序来执行。每条语句规定可编程控制器中 CPU 如何动作的指令，是由操作码和操作数组成的。

3. 其他

随着 PLC 的飞速发展，如果许多高级功能还是用梯形图来表示就会很不方便。为了增强 PLC 的数字运算、数据处理、图表显示、报表打印等功能，方便用户的使用，许多大中型 PLC 都配备了 Pascal、Basic、C 等高级编程语言。这种编程方式叫作结构文本。与梯形图相比，结构文本有两大优点：一是能实现复杂的数学运算；二是非常简洁和紧凑。用结构文本编制极其复杂的数学运算程序只占一页纸，结构文本用来编制逻辑运算程序也很容易。

（四）PLC 的工作原理

1. PLC 的内部等效电路

以图4-10所示的两台电动机启动控制为例，用 PLC 控制的内部等效电路图如图4-11所示。

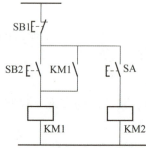

图4-10　两台电动机启动的继电器-接触器控制

图4-11中，PLC 的输入部分是用户输入设备，常用的有按钮、开关和传感器等，通过输入端子（I 接口）与 PLC 连接。PLC 的输出部分是用户输出设备，包括接触器（继电器）线圈、信号灯、各种控制阀灯，通过输出端子（O 接口）与 PLC 连接。

内部控制（梯形图）可视为由内部继电器、接触器等组成的等效电路。

三菱 FX 系列的 PLC 输入 COM 端，一般是机内电源 24 V 的负极端，输出 COM 端接用户负载电源。

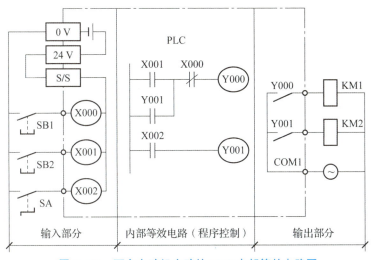

图 4 - 11 两台电动机启动的 PLC 内部等效电路图

2. PLC 的工作过程

PLC 有两种工作模式，即运行（RUN）模式与停止（STOP）模式，如图 4 - 12 所示。

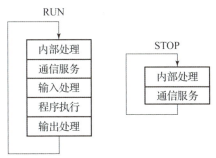

图 4 - 12 PLC 的基本工作模式

在 STOP 模式阶段，PLC 只进行内部处理和通信服务工作。在内部处理阶段，PLC 检查 CPU 模块内部的硬件是否正常，还对用户程序的语法进行检查，定期复位监控定时器等，以确保系统可靠运行。在通信服务阶段，PLC 可与外部智能装置进行通信，如进行 PLC 之间及 PLC 与计算机之间的信息交换。

在 RUN 模式阶段，PLC 除进行内部处理和通信服务外，还要完成输入采样、程序执行和输出刷新三个阶段的周期扫描工作。简单地说，运行模式是执行应用程序的模式，停止模式一般用于程序的编制与修改，周期扫描过程如图 4 - 13 所示。

（1）输入采样

在输入采样阶段，PLC 首先扫描所有输入端子，并将各输入状态存入内存中各对应的输入映像寄存器中。此时，输入映像寄存器被刷新。接着，进入程序执行阶段。在程序执行阶段和输出刷新阶段，输入映像寄存器与外界隔离，无论输入信号如何变化，其内容保持不变，直到下一个扫描周期的输入采样阶段，才重新写入输入端的新内容。

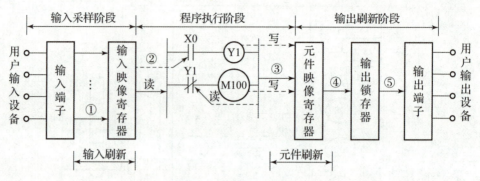

图 4 – 13 周期扫描过程

（2）程序执行

根据 PLC 梯形图程序扫描原则，CPU 按先左后右、先上后下的步序语句逐句扫描。当指令中涉及输入、输出状态时，PLC 就从输入映像寄存器读入上一阶段采入的对应输入端子状态，从元件映像寄存器读入对应元件（软继电器）的当前状态。然后，进行相应的运算，运算结果再存入元件映像寄存器中。对元件映像寄存器来说，每一个元件（软继电器）的状态都会随着程序执行过程变化。

（3）输出刷新

当所有指令执行完毕后，元件映像寄存器中所有输出继电器 Y 的状态在输出刷新阶段转存到输出锁存器中，通过隔离电路，驱动功率放大电路使输出端子向外界发出控制信号，驱动外部负载。

3. PLC 的工作方式

（1）循环扫描的工作方式

PLC 的工作方式是一个不断循环的顺序扫描工作方式。每一次扫描所用的时间称为扫描周期或工作周期。CPU 从第一条指令开始，按顺序逐条地执行用户程序直到用户程序结束，然后返回第一条指令，开始新一轮的扫描，PLC 就是这样周而复始地重复上述循环扫描的。

（2）PLC 与其他控制系统工作方式的区别

PLC 对用户程序的执行是以循环扫描方式进行的。PLC 这种运行程序的方式与微型计算机相比有较大的不同。微型计算机运行程序时，一旦执行到 END 指令，就结束运行。PLC 从存储地址所存放的第一条用户程序开始，在无中断或跳转的情况下，按存储地址号递增的方向顺序逐条执行用户程序，直到 END 指令结束。然后再从头开始执行，并周而复始地重复，直到停机或从运行（RUN）切换到停止（STOP）工作状态。PLC 每扫描完一次程序就构成一个扫描周期。

4. FX 系列 PLC 简介

FX 系列 PLC 是由三菱电动机公司研制开发的。三菱 FX 系列小型 PLC 将 CPU 和输入/输出一体化，使用更为方便。为进一步满足不同用户的要求，FX 系列有多种不同的型号供选择。此外，还有多种特殊功能模块提供给不同的用户。

FX 系列 PLC 型号命名的基本格式如图 4 – 14 所示。

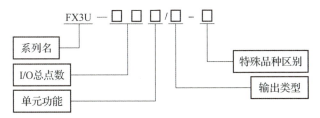

图4-14　FX系列PLC型号命名的基本格式

5. PLC的输入、输出继电器（X、Y元件）

PLC内部有许多具有不同功能的器件，这些器件通常是由电子电路和存储器组成的，它们都可以作为指令中目标元件（或称为操作数），在PLC中把这些器件统称为PLC的编程软元件。三菱FX系列PLC的编程软元件可以分为位元件、字元件和其他三大类。位元件是只有两种状态的开关量元件，而字元件是以字为单位进行数据处理的软元件，其他是指立即数（十进制数、十六进制数和实数）、字符串和指针（P/I）等。

这里只介绍位元件中输入继电器和输出继电器，其他的位元件及另外两类编程软元件将在其他各项目中分别介绍。

- 电源/输入输出方式：连接方式为端子排。
- R/ES：AC电源/DC 24V（漏型/源型）输入/继电器输出。
- T/ES：AC电源/DC 24V（漏型/源型）输入/晶体管（漏型）输出。
- T/ESS：AC电源/DC 24V（漏型/源型）输入/晶体管（源型）输出。
- S/ES：AC电源/DC 24V（漏型/源型）输入/晶体管（SSR）输出。
- R/DS：DC电源/DC 24V（漏型/源型）输入/继电器输出。
- T/DS：DC电源/DC 24 V（漏型/源型）输入/晶体管（漏型）输出。
- T/DSS：DC电源/DC 24 V（漏型/源型）输入/晶体管（源型）输出。
- R/UA1：AC电源/AC 100 V输入/继电器输出。

①系列名（系列序号）：如FX0s、FX1s、FX0N、FX2N、FX3U、FX3UC、FX3G等。

②I/O总点数（输入/输出总点数）：4~64点。

③单元功能：M——基本单元；E——输入/输出混合扩展单元及扩展模块；EX——输入专用扩展模块；EY——输出专用扩展模块。

④输出类型（其中输入专用无记号）：R——继电器输出；T——晶体管输出；S——晶闸管输出。

⑤特殊品种区别：D——DC电源，DC输入；A1——AC电源，AC输入（AC100~120 V）或AC输入模块；H——大电流输出扩展模块；V——立式端子排的扩展模式；C——接插口输入/输出方式；F——输入滤波器1 ms的扩展模块；L——TTL输入型模块；S——独立端子（无公共端）扩展模块。

（1）输入继电器：X

输入继电器是PLC用来接收外部开关信号的元件。输入继电器与PLC的输入端相连，PLC通过输入接口将外部输入信号状态（接通时为"1"，断开时为"0"）读入并存储在输入映像寄存器中。PLC输入继电器X000的等效电路如图4-15所示。

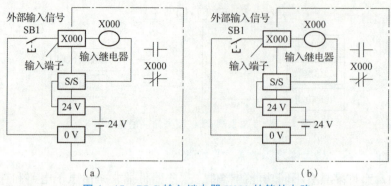

图 4 – 15 PLC 输入继电器 X000 的等效电路

（a）漏型；（b）源型

　　FX 系列 PLC 输入继电器以八进制进行编号，对于 FX 系列 PLC 可用输入继电器的编号范围为 X000～X367（248 点）。注意基本单元输入继电器的编号是固定的，扩展单元和扩展模块是按与基本单元最靠近开始，顺序进行编号。例如，基本单元 FX3U – 48MR/ES – A 的输入继电器编号为 X000 – X027（24 点），如果接有扩展单元或扩展模块，则扩展的输入继电器从 X030 开始编号。FX 系列 PLC 主机输入/输出继电器分配一览表见表 4 – 1。

表 4 – 1 FX 系列 PLC 主机输入/输出继电器分配一览表

PLC 型号	输入继电器	PLC 型号	输入继电器	PLC 型号	输入继电器	PLC 型号	输入继电器
FX2N – 16M	X000～X007 8 点	FX2N – 80M	X000～X047 40 点	FX2NC – 64M	X000～X037 32 点	FX3U – 48M	X000～X027 24 点
FX2N – 32M	X000～X017 16 点	FX2N – 128M	X000～X077 64 点	FX2NC – 96M	X000～X057 48 点	FX3U – 64M	X000～X037 32 点
FX2N – 48M	X000～X027 24 点	FX2NC – 16M	X000～X007 8 点	FX3U – 16M	X000～X007 8 点	FX3U – 80M	X000～X047 40 点
FX2N – 64M	X000～X037 32 点	FX2NC – 32M	X000～X017 16 点	FX3U – 32M	X000～X017 16 点	FX3U – 128M	X000～X077 64 点
PLC 型号	输出继电器	PLC 型号	输出继电器	PLC 型号	输出继电器	PLC 型号	输出继电器
FX2N – 16M	Y000～Y007 8 点	FX2N – 80M	Y000～Y047 40 点	FX2NC – 64M	Y000～Y037 32 点	FX3U – 48M	Y000～Y027 24 点
FX2N – 32M	Y000～Y017 16 点	FX2N – 128M	Y000～Y077 64 点	FX2NC – 96M	Y000～Y057 48 点	FX3U – 64M	Y000～Y037 32 点
FX2N – 48M	Y000～Y027 24 点	FX2NC – 16M	Y000～Y007 8 点	FX3U – 16M	Y000～Y007 8 点	FX3U – 80M	Y000～Y047 40 点
FX2N – 64M	Y000～Y037 32 点	FX2NC – 32M	Y000～Y017 16 点	FX3U – 32M	Y000～Y017 16 点	FX3U – 128M	Y000～Y077 64 点

　　（2）输出继电器：Y

　　输出继电器是将 PLC 内部信号输出传给外部负载（用户输出设备）的元件。输出继电器的外部输出触点接到 PLC 的输出端子上。输出继电器线圈由 PLC 内部程序的指令驱动，其线圈状态传送给输出接口，再由输出接口对应的硬触点来驱动外部负载。PLC 输出继电器 Y000 的等效电路如图 4-16 所示。

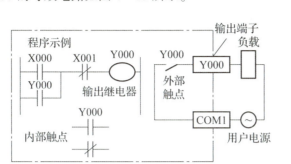

图 4-16　PLC 输出继电器 Y000 的等效电路

FX 系列 PLC 的输出继电器也采用八进制编号，其中 FX3U PLC 可用输出继电器编号范围为 Y000 ~ Y367（248 点）。与输入继电器一样，基本单元的输出继电器编号是固定的，扩展单元和扩展模块的变化也是按与基本单元最靠近开始，顺序进行编号。

要用指令表语言编写 PLC 控制程序，就必须熟悉 PLC 的基本逻辑指令。

6. LD/LDI、OUT、AND/ANI、OR/ORI、ANB、ORB 用法

（1）LD/LDI 取/取反指令 AND/ANI 与

功能：取单个常开/常闭触点与母线（左母线、分支母线等）相连接，操作元件有（X、Y、M、T、C、S）。

（2）OUT 驱动线圈（输出）指令

功用：驱动线圈，操作元件有（Y、M、T、C、S）。

LD/LDI 指令及 OUT 指令的用法如图 4-17 所示。

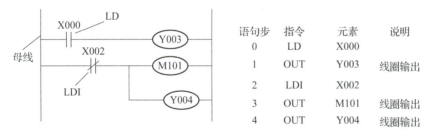

图 4-17　LD/LDI 指令及 OUT 指令的用法

（3）AND/ANI 与/与反指令

功用：串联单个常开/常闭触点。

（4）OR/ORI 或/或反指令

功用：并联单个常开/常闭触点。

AND/ANI 和 OR/ORI 指令的基本用法如图 4-18 和图 4-19 所示。

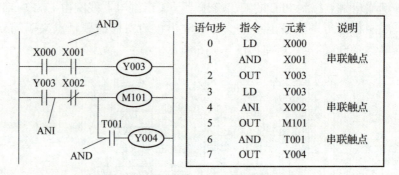

图 4 - 18　AND/ANI 指令的基本用法

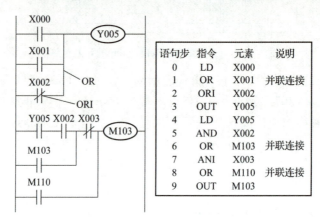

图 4 - 19　OR/ORI 指令的基本用法

（5）与块指令 ANB（And Block）

功能：串联一个并联电路块，ANB 指令的用法如图 4 - 20 所示。

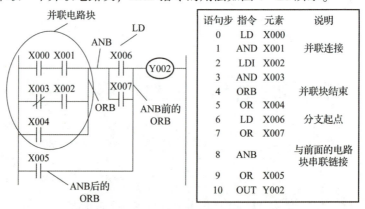

图 4 - 20　ANB 指令的用法

ANB 指令是不带操作元件编号的指令，两个或两个以上触点并联连接的电路称为并联电路块。当分支电路并联电路块与前面的电路串联连接时，使用 ANB 指令。即分支起点用 LD、LDI 指令，并联电路块结束后使用 ANB 指令，表示与前面的电路串联。ANB 指令原则上可以无限制使用，但受 LD、LDI 指令只能连续使用 8 次的影响，ANB 指令的使用次数也应限制在 8 次。

（6）或块指令 ORB

功能：并联一个串联电路块，无操作元件，ORB 指令的用法如图 4 - 21 所示。

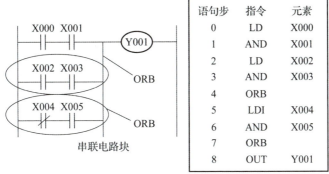

语句步	指令	元素
0	LD	X000
1	AND	X001
2	LD	X002
3	AND	X003
4	ORB	
5	LDI	X004
6	AND	X005
7	ORB	
8	OUT	Y001

图 4 - 21　ORB 指令的用法

7. GX Developer 软件简介

GX Developer 软件是三菱电机有限公司开发的一款针对三菱 PLC 的中文编程软件，它操作简单，支持梯形图、指令表、SFC 等多种程序设计方法，可设定网络参数，可进行程序的线上更改、监控及调试，具有异地读写 PLC 程序等功能。下面以 GX Developer 中文版编写梯形图程序为例，介绍编程软件的使用。

①GX 编程软件的使用。

②新建工程启动 GX Developer 编程软件后，选择菜单命令【工程】→【创建新工程】执行或者使用快捷键"Ctrl" + "N"，弹出如图 4 - 22 所示的"创建新工程"对话框。在"创建新工程"对话框，选择 PLC 系列为"FXCPU"，PLC 类型为"FX3U"，程序类型为"梯形图"，工程名设定等操作。然后，单击"确定"按钮，会弹出梯形图编辑界面，如图 4 - 22 所示；编辑菜单栏如图 4 - 23、图 4 - 24 所示；程序写入如图 4 - 25 所示；传输过程如图 4 - 26 所示，写入过程如图 4 - 27 所示。

图 4 - 22　"创建新工程"对话框

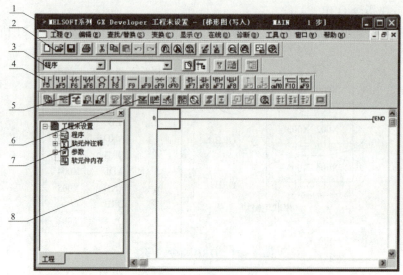

图 4 – 23　编辑菜单栏

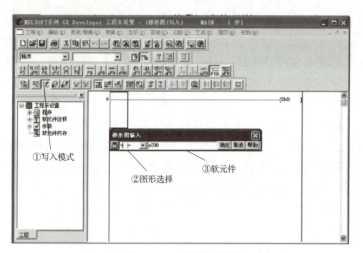

图 4 – 24　编辑菜单栏

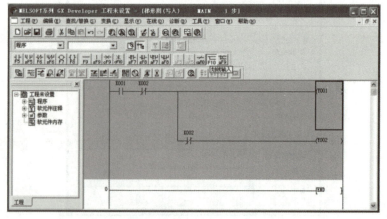

图 4 – 25　PLC 程序编制

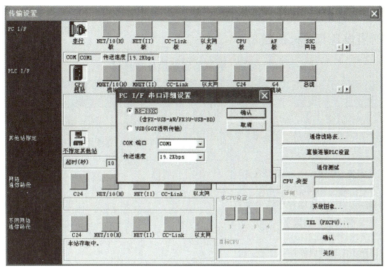

图 4 – 26　PLC 传输过程

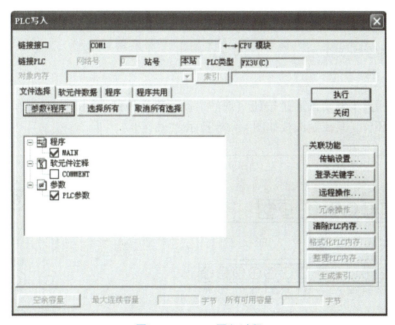

图 4 – 27　PLC 写入过程

三、实施任务

(一) 训练目标

①学会用三菱 FX 系列 PLC 基本指令编制电动机启停控制的程序。

②会绘制电动机启停控制的 I/O 接线图及主电路图。

③掌握 FX 系列 PLC 的 I/O 端口的外部接线方法。

④熟练掌握使用 GX Developer 编程软件编制梯形图与指令表程序，并写入 PLC 进行调试运行。

（二）设备与器材

本任务所需设备与器材，见表 4 - 2。

表 4 - 2　本任务所需设备与器材

序号	名称	符号	型号规格	数量	备注
1	常用电工工具		十字螺钉旋具、一字螺钉旋具、尖嘴钳、剥线钳等	1 套	表中所列设备、器材的型号规格仅供参考
2	计算机（安装 CX Developer 编程软件）			1 台	
3	THPFSL - 2 网络型可编程序控制器综合实训装置			1 台	
4	三相异步电动机启停控制面板			1 个	
5	三相笼型异步电动机	M		1 台	
6	连接导线			若干	

（三）内容与步骤

1. 任务要求

完成三相异步电动机通过按钮实现的启动、停止控制，同时电路要有完善的软件或硬件保护环节，其控制面板如图 4 - 28 所示。

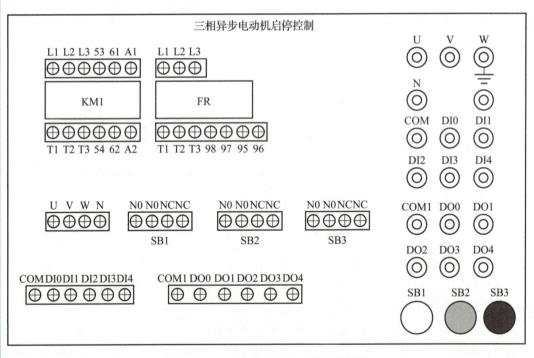

图 4 - 28　三相异步电动机启停控制面板

2. I/O 地址分配与接线图

①I/O 分配见表 4-3。

表 4-3 I/O 分配表

输入			输出		
设备名称	符号	X 元件编号	设备名称	符号	Y 元件编号
启动按钮	SB1	X000	接触器	KM1	Y000
停止按钮	SB3	X001			
热继电器	FR	X002			

②I/O 接线图如图 4-29 所示。

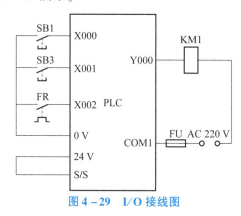

图 4-29 I/O 接线图

3. 编制程序

根据控制要求编制梯形图，如图 4-30 所示。

图 4-30 电动机启停控制梯形图

4. 调试运行

利用 GX Developer 编程软件在计算机上输入图 4-30 所示的程序，然后下载到 PLC 中。

①静态调试按图 4-29 所示 PLC 的 I/O 接线图正确连接输入设备，进行 PLC 的模拟静态调试（按下启动按钮 SB1 时，X000 亮，运行过程中，按下停止按钮 SB3，Y000 灭，运行过程结束），并通过 GX Developer 编程软件使程序处于监视状态，观察其是否与指示灯一致；否则，检查并修改程序，直至输出指示正确。

②动态调试按图 4-29 所示 PLC 的 I/O 接线图正确连接输出设备，进行系统的空

载调试，观察交流接触器能否按控制要求动作（按下启动按钮 SB1 时，KM 动作，运行过程中，按下停止按钮 SB3，KM 返回，运行过程结束），并通过 GX Developer 编程软件使程序处于监视状态，观察其是否与动作一致；否则，检查电路接线或修改程序，直至交流接触器能按控制要求动作。

（四）分析与思考

①本任务三相异步电动机过载保护是如何实现的？

②如果将热继电器过载保护作为 PLC 的硬件条件，试绘制 I/O 接线图，并编制梯形图程序。

四、考核任务

考核任务见表 4 - 4。

表 4 - 4　实施考核任务表

序号	考核内容	考核要求	评分标准	配分	得分
1	电路及程序设计	1. 能正确分析 I/O，并绘制 I/O 接线图； 2. 根据控制要求，正确编制梯形图程序	1. I/O 分配错或少，每个扣 5 分； 2. I/O 连线图设计不全或有错，每处扣 5 分； 3. 三相异步电动机单向连续运行主电路表达不正确或画法不规范，每处扣 5 分； 4. 梯形图表达不正确或画法不规范，每处扣 5 分	40 分	
2	安装与连接	能根据 I/O 地址分配，正确连接电路	1. 连接错一处，扣 5 分； 2. 损坏元器件，每只扣 5~10 分； 3. 损坏连接线，每根扣 5~10 分	20 分	
3	调试与运行	能熟练使用编程软件编制程序写入 PLC，并按照要求调试运行	1. 不会熟练使用编程软件进行梯形图的编辑、修改、转换、写入及监视，每项扣 2 分； 2. 不能按照控制要求完成相应的功能，每缺一项扣 5 分	20 分	
4	安全操作	确保人身和设备安全	违反安全文明操作规程，扣 10~20 分	20 分	
5			合计		

五、拓展知识

（一）置位与复位指令（SET、RST）

功能：SET 使操作元件置位（接通并自保持），RST 使操作元件复位。当 SET 和 RST 信号同时接通时，写在后面的指令有效，如图 4 - 31 所示。

图 4-31 置位/复位指令用法

SET/RST 与 OUT 指令的用法比较如图 4-32 所示。

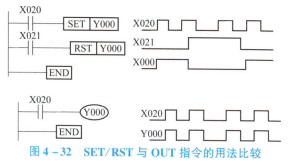

图 4-32 SET/RST 与 OUT 指令的用法比较

（二）用 SET/RST 指令实现电动机启停控制

用 SET/RST 指令实现电动机启停控制的梯形图程序如图 4-33 所示。

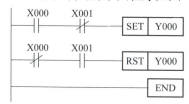

图 4-33 用 SET/RST 指令实现电动机启停控制的梯形图程序

六、总结任务

在本任务中，我们首先讨论了三菱 FX 系列 PLC 的 X、Y 两个软继电器的含义与具体用法，然后分别介绍了 LD、AND、OUT、END 和 SET、RST 等 10 条基本指令的使用要素以及梯形图和指令表之间的相互转换。在此基础上利用基本指令编制简单的三相异步电动机启停控制 PLC 程序，通过 GX Developer 编程软件进行程序的编辑、写入，再进行 I/O 端口连接及调试运行，从而达到会使用编程软件和简单程序分析的目的。

任务二 水塔水位的PLC控制

一、任务导入

水塔是日常生活和工农业生产中常见的供给水装置，其主要功能是储水和供水。为了保证水塔水位运行在允许的范围内，常用液位传感器作为检测元件，监视水塔内液面的变换情况，并将检测的结果传给控制系统，决定控制系统的运行状态。

本任务利用三菱 FX3U 系列 PLC 对水塔水位控制进行模拟运行。

本任务主要熟悉 PLC 定时器的使用。

二、相关知识

（一）辅助继电器：M

辅助继电器是 PLC 中数量最多的一种继电器，类似于继电器 – 接触器控制系统中的中间继电器。和输入、输出继电器不同的是，它既不能接收外部输入的开关量信号，也不能直接驱动负载，只能在程序中驱动，是一种内部的状态标志。辅助继电器的常开与常闭触点在 PLC 内部编程时可无限次使用。辅助继电器采用十进制数编号。

辅助继电器按用途可分为通用型辅助继电器、断电保持型辅助继电器和特殊辅助继电器三种。FX2N、FX2NC 和 FX3U、FX3UC 型 PLC 辅助继电器见表 4 – 5。

表 4 – 5　FX 系列 PLC 辅助继电器的分类及编号范围

PLC 系列	通用型	断电保持型	特殊型
FX2N、FX2NC	M0 ~ M499 500 点	M500 ~ M3071 2 572 点	M8000 ~ M8255 256 点
FX3U、FX3UC		M500 ~ M7679 7 180 点	M8000 ~ M8511 512 点

辅助继电器不能直接对外输入、输出，但经常用作状态暂存、中间运算等。辅助继电器也有线圈和触点，其常开和常闭触点可以无限次在程序中调用，但不能直接驱动外部负载，外部负载的驱动必须由输出继电器进行。辅助继电器用字母 M 表示，并辅以十进制地址编号。辅助继电器按用途分为以下几类。

1. 通用辅助继电器 M0 ~ M499（500 点）

通用辅助继电器元件编号是按十进制进行的，FX 系列 PLC 为 500 点，其编号为 M0 – M499。

2. 断电保持型辅助继电器

断电保持型辅助继电器具有断电保持功能，即能记忆电源中断瞬时的状态，并在重新通电后再现其断电前的状态。但要注意，系统重新上电后，仅在第一扫描周期内保持断电前的状态，然后 M 将失电，因此，在实际应用时，还必须加 M 自保持环节，才能真正实现断电保持功能。断电保持型辅助继电器之所以能在电源断电时保持其原有的状态，是因为电源中断时用 PLC 锂电池作后备电源，保持它们映像寄存器中的内容。

断电保持型辅助继电器分两种类型，一类（M500 ~ M1023）是可以通过参数设置更改为非断电保持型；另一类（M1024 ~ M7679）是不能通过参数更改其断电保持性，称之为固定断电保持型。

3. 特殊辅助继电器

特殊辅助继电器用来表示 PLC 的某些状态，提供时钟脉冲和标志位，设定 PLC 的运行方式或者 PC，用于光进顺控、禁止中断、计数器的加减设定、模拟量控制、定位控制和通信控制的各种状态标志等。它可分为触点利用型特殊辅助继电器和驱动线圈型特殊辅助继电器两大类。

（1）触点利用型特殊辅助继电器

这类特殊辅助继电器为 PLC 的内部标志位，PLC 根据本身的工作情况自动改变其状态（1 或 0），用户只能利用其触点，因而在用户程序中不能出现其线圈，但可以利用其常开或常闭触点作为驱动条件。例如：

M8000——运行监视，PLC 运行时为 ON。

M8001——运行监视，PLC 运行为 OFF。

M8002——初始化脉冲，仅在 PLC 运行开始时接通一个扫描周期。

M8003——初始化脉冲，仅在 PLC 运行开始时关断一个扫描周期。

M8003——PLC 后备锂电池电压过低时接通。

M8011——10 ms 时钟脉冲，以 10 ms 为周期振荡，通、断各 5 ms。

M8012——100 ms 时钟脉冲，以 100 ms 为周期振荡，通、断各 50 ms。

M8013——1 s 时钟脉冲，以 1 s 为周期振荡，通、断各 500 ms。

M8014——1 min 时钟脉冲，以 1 min 为周期振荡，通、断各 30 s。

M8020——加减法运算结果为 0 时接通。

M8021——减法运算结果超过最大的负值时接通。

M8022——加法运算结果发生进位时，或者移位结果发生溢出时接通。

（2）驱动线圈型特殊辅助继电器

这类特殊辅助继电器用户在程序中驱动其线圈，使 PLC 执行特定的操作，线圈被驱动后，用户也可以在程序中使用它们的触点。例如：

M8030——线圈被驱动后，后备锂电池欠电压指示灯熄灭。

M8033——线圈被驱动后，在 PLC 停止运行时，输出保持运行时的状态。

M8034——线圈被驱动后，禁止所有输出。

M8039——线圈被驱动后，PLC 以 D8039 中指定的扫描时间工作。

（二）数据寄存器：D

数据寄存器（D）主要用于存储数据数值，PLC 在进行输入/输出处理、模拟量控制及位置控制时，需要许多数据寄存器存储数据和参数。数据寄存器都是 16 位，可以存放 16 位二进制数。也可用两个编号连续的数据寄存器来存储 32 位数据。例如，用 D10 和 D11 存储 32 位二进制数，D10 存储低 16 位，D11 存储高 16 位。数据寄存器最高位为正负符号位，0 表示为正数，1 表示为负数。

数据寄存器可分为通用数据寄存器、断电保持数据寄存器、特殊数据寄存器及文件寄存器。FX 系列 PLC 数据寄存器的分类及编号范围见表 4-6。

表 4-6　FX 系列 PLC 数据寄存器的分类及编号范围

PLC 系列	数据寄存器				文件寄存器（保持）
	一般用	停电保持用（电池保持）	停电保持用（电池保持）	特殊用	
FX3U·FX3UC 可编程控制器	D0 ~ D199 200 点※1	D200 ~ D511 312 点※2	D512 ~ D7999 7 488 点※3※4	D8000 ~ D8511 512 点	D1000※4 7 000 点

1. 通用数据寄存器：D0～D199

通用数据寄存器在 PLC 由 RUN 到 STOP 时，其数据全部清零。如果将特殊继电器 M8033 置 1，则 PLC 由 RUN 到 STOP 时，数据可以保持。

2. 断电保持数据寄存器

断电保持数据寄存器在 PLC 由 RUN→STOP 或停电时，其数据保持不变。利用参数设定，可以改变断电保持数据寄存器的范围。当断电保持数据寄存器作为一般用途时，要在程序的起始步采用 RST 或 ZRST 指令清除其内容。

3. 特殊数据寄存器

特殊数据寄存器用来存放一些特定的数据。例如，PLC 状态信息、时钟数据、错误信息、功能指令数据存储及变址寄存器当前值等。按照其功能可分为两种，一种是只读存储器，用户只能读取其内容，不能改写其内容，例如可以从 D8067 中读出错误代码，找出错误原因，从 D8005 中读出锂电池电压值等；另一种是可以进行读写的特殊存储器，用户可以对其读写操作。例如 D8000 为监视扫描时间数据存储，出厂值为 200 ms。如程序运行一个扫描周期大于 200 ms 时，可以修改 D8000 的设定值，使程序扫描时间延长。未定义的特殊数据寄存器，用户不能使用。具体可参见用户手册。

4. 文件寄存器

文件寄存器是对相同编号（地址）的数据寄存器设定初始值的软元件（FX3U 和 FX3UC 系列相同），通过设定参数，可以将数据寄存器 D1000 以后的停电保持专用的数据寄存器设定为文件寄存器。最多可设定 7 000 点。参数的设定，可以指定 1～14 个块（每个块相当于 500 点的文件寄存器），但是这样每个块就减少了 500 步的程序内存区域。文件寄存器也可以作为数据寄存器使用，处理各种数值数据，可以用功能指令进行操作，如 MOV 指令、BIN 指令等。

文件寄存器实际上是一种专用数据寄存器，用于存储大量 PLC 应用程序需要用到的数据。例如采集数据、统计计算数据、产品标准数据、数表及多组控制参数等。当然，如果这些区域的数据寄存器不用作文件寄存器，仍然可当作通用数据寄存器使用。

（三）常数（K、H）

常数也可以作为编程元件使用，它在 PLC 的存储器中占用一定的空间。

K 表示十进制常数的符号，主要用于指定定时器和计数器的设定值，也用于指定功能指令中的操作数。十进制常数的指定范围：16 位常数的范围为 $-32768～+32767$，32 位常数的范围为 $-2147483648～+2147483647$。

H 表示十六进制常数的符号，主要用于指定功能指令中的操作数。十六进制常数的指定范围：16 位常数的范围为 0000～FFFF，32 位常数的范围为 00000000～FFFFFFFF。例如 25 用十进制表示为 K25，用十六进制则表示为 H19。

（四）定时器：T

定时器在 PLC 中的作用相当于通电延时型时间继电器，它有一个设定值寄存器（字）、一个当前值寄存器（字）、一个线圈及无数个触点（位）。通常在一个 PLC 中有几十至数百个定时器，可用于定时操作，起延时接通或断开电路作用。

在 PLC 内部，定时器是通过对内部某一时钟脉冲进行计数来完成定时的。常用计时脉冲有三类，即 1 ms、10 ms 和 100 ms。不同的计时脉冲，计时精度不同。用户需要定时操作时，可通过设定脉冲的数量来完成，用常数 K 设定（1 ~ 32 767），也可用数据寄存器 D 设定。

FX 系列 PLC 的定时器采用十进制编号，如 FX2N 系列的定时器编号为 T0 ~ T255，如表 4 – 7 所示。

表 4 – 7　FX 系列 PLC 定时器

PLC 机型	通用型			积算型	
	100 ms 0.1 ~ 3 276.7 s	10 ms 0.01 ~ 327.67 s	1 ms 0.001 ~ 32.767 s	1 ms 0.001 ~ 32.767 s	100 ms 0.1 ~ 3 276.7 s
FX2N、 FX2NC 型	T0 ~ T199 200 点	T200 ~ T245 46 点	—	T246 ~ T249 4 点	T250 ~ T255 6 点 执行中断保持用
FX3U、 FX3UC 型			T256 ~ T511 256 点		

通用定时器的地址范围为 T0 ~ T245，有两种计时脉冲，分别是 100 ms 和 10 ms，其对应的设定值分别为 0.1 ~ 3 276.7 s 和 0.01 ~ 327.67 s。

通用定时器的地址编号和设定值如下：

100 ms 定时器 T0 ~ T199（200 点）设定值 1 ~ 32 767，设定定时范围 0.1 ~ 3 276.7 s。

10 ms 定时器 T200 ~ T245（46 点）设定值 1 ~ 32 767，设定定时范围 0.01 ~ 3 27.67 s。

1. 通用定时器的用法

现以图 4 – 34 所示的梯形图程序为例，说明通用定时器工作原理和工作过程。当驱动线圈信号 X000 接通时，定时器 T0 的当前值对 100 ms 脉冲开始计数，达到设定值 30 个脉冲时，T0 的输出触点动作使输出继电器 Y000 接通并保持，即输出是在驱动线圈后的 3 s（100 ms × 30 = 3 s）时动作。当驱动线圈的信号 X000 断开或发生停电时，通用定时器 T0 复位（触点复位，当前值清零），输出继电器 Y000 断开。当 X000 第二次接通时 T0 又开始重新定时，因还没到达设定值时 X000 就断开了，因此 T0 触点不会动作，Y000 也就不会接通。

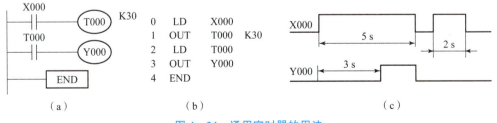

图 4 – 34　通用定时器的用法

（a）梯形图；（b）指令表；（c）输入/输出波形图

2. 振荡电路

图 4-35（a）所示为通用定时器组成的振荡电路梯形图及输入/输出波形图。当输入 X000 接通时，输出 Y000 以 1 s 周期闪烁变化（如果 Y000 接指示灯，则灯光灭 0.5 s 亮 0.5 s，交替进行），如图 4-35（b）所示。改变 T0、T1 的设定值，可以调整 Y000 的输出脉冲宽度。

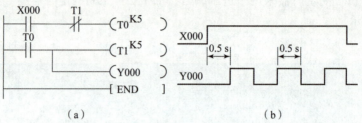

（a）   （b）

图 4-35　通用定时器组成的振荡电路梯形图及输入/输出波形图
（a）梯形图；（b）输入/输出波形图

图 4-36 所示为通用定时器自复位电路，其工作过程分析如下：X000 接通 1 s 时，T0 常开触点动作使 Y000 接通，常闭触点在第二个扫描周期中使 T0 线圈断开，Y000 跟着断开；第三个扫描周期 T0 线圈重新开始定时，重复前面的过程。

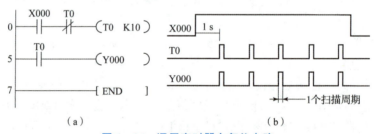

（a）   （b）

图 4-36　通用定时器自复位电路
（a）梯形图；（b）输入/输出波形图

3. 定时器的自复位电路

图 4-37 所示定时器的自复位电路要分析前后三个扫描周期才能真正理解它的自复位工作过程。定时器的自复位电路用于循环定时。其工作过程分析如下：X000 接通 1 s 时，T0 常开触点动作使 Y000 接通，常闭触点在第二个扫描周期中使 T0 线圈断开，Y000 跟着断开；第三个扫描周期 T0 线圈重新开始定时，重复前面的过程。

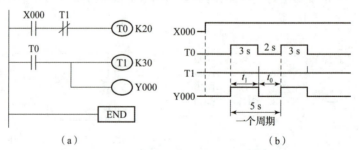

（a）   （b）

图 4-37　用两个定时器实现的闪烁程序
（a）梯形图；（b）时序图

（五）闪烁程序（振荡电路）的实现

闪烁程序又称为振荡电路程序，是一种被广泛应用的实用控制程序。它可以控制灯的闪烁频率，也可以控制灯光的通断时间比（也就是占空比）。用两个定时器实现的闪烁程序如图 4 - 37 （a）所示。闪烁程序实际上是一个 T0 和 T1 相互控制的反馈电路，开始时，T0 和 T1 均处于复位状态，当 X000 启动闭合后，T0 开始延时，2 s 延时时间到，T0 动作，其常开触点闭合，使 T1 开始延时，3 s 延时时间到，T1 动作，其常闭触点断开使 T0 复位，T0 的常开触点断开使 T1 复位，T1 的常闭触点闭合使 T0 再次延时，如此反复直到 X000 断开为止，时序图如图 4 - 37 （b）所示。

从时序图中可以看出振荡器的振荡周期 $T = t_1 + t_0$，占空比为 $\tau = t_1/T$。调节周期 T 可以调节闪烁频率，调节占空比 τ 可以调节通断时间比。

试试看：请读者用其他方法设计每隔一秒闪烁一次的振荡电路。

（六）梯形图程序设计规则与梯形图优化

①输入/输出继电器、内部辅助继电器、定时器、计数器等器件的触点可以多次重复使用，无须复杂的程序结构来减少触点的使用次数。

②梯形图每一行都是从左母线开始的，经过许多触点的串、并联，最后用线圈终止于右母线。触点不能放在线圈的右边，任何线圈不能直接与左母线相连，如图 4 - 38 所示。

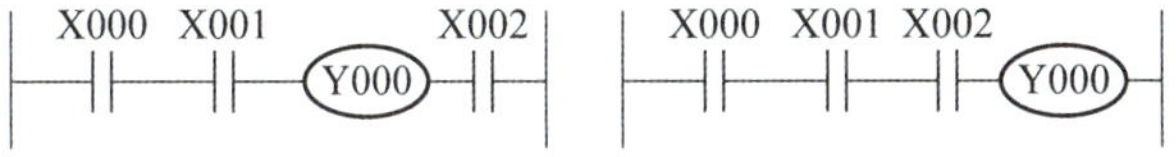

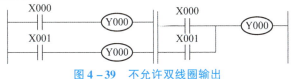

图 4 - 38　触点不能放在线圈的右边

（a）错误的梯形图；（b）正确的梯形图

③在程序中，除步进程序外，不允许同一编号的线圈多次输出（不允许双线圈输出），如图 4 - 39 所示。

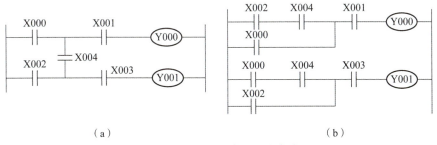

图 4 - 39　不允许双线圈输出

④不允许出现桥式电路。当出现图 3 - 40 （a）所示的桥式电路时，必须转换成图 4 - 40 （b）所示的形式才能进行程序调试。

图 4 - 40　不允许出现桥式电路

⑤为了减少程序的执行步数，梯形图中并联触点多的应放在左边，串联触点多的应放在上边。如图 4－41 所示，优化后的梯形图比优化前少一步。

0 LD X000
1 LD X001
2 AND X002
3 ORB
4 OUT Y000

（a）

0 LD X000
1 LD X002
2 OR X001
3 ANB
4 OUT Y000

（b）

0 LD X001
1 AND X002
2 OR X000
3 OUT Y000

（c）

0 LD X002
1 OR X001
2 AND X000
3 OUT Y000

（d）

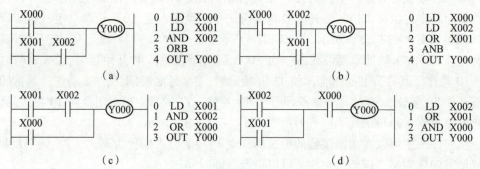

图 4－41　梯形图的优化

（a）没优化的梯形图 1；（b）没优化的梯形图 2；（c）优化后的梯形图 1；（d）优化后的梯形图 2

⑥尽量使用连续输出，避免使用多重输出的堆栈指令，如图 4－42 所示，连续输出的梯形图比多重输出的梯形图在转化成指令程序时要简单得多。

0	LD	X004	4	ANI	Y002
1	OR	Y003	5	OUT	Y001
2	AND	X003	6	MPP	
3	MPS		7	OUT	Y003

（a）

0	LD	X004	3	OUT	Y003
1	OR	Y003	4	ANI	Y002
2	AND	X003	5	OUT	Y001

（b）

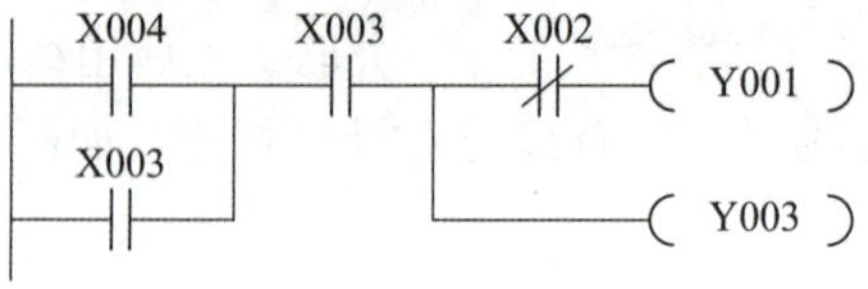

图 4－42　多重输出与连续输出

（a）多重输出；（b）连续输出

（七）PLC 经验设计法

所谓经验设计法，就是在传统的继电器－接触器控制图和 PLC 典型控制电路的基础上，依据积累的经验进行翻译、设计修改和完善，最终得到优化的控制程序。需要注意如下事项：

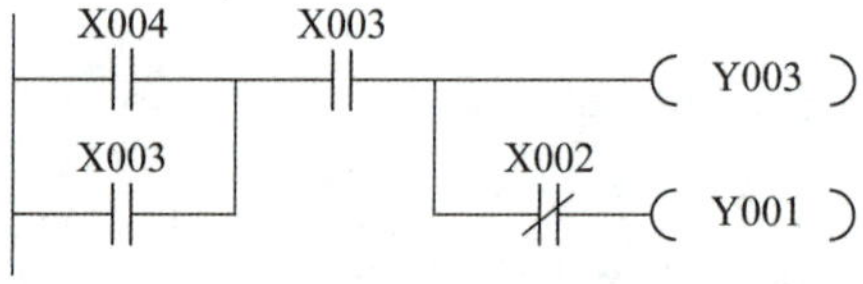

①在继电器－接触器控制中，所有的继电器－接触器都是物理元件，其触点都是有限的。因而控制电路中要注意触点是否够用，要尽量合并触点。但在 PLC 中，所有的编程软元件都是虚拟器件，都有无数的内部触点供编程使用，不需要考虑怎样节省触点。

②在继电器－接触器控制中，要尽量减少元器件的使用数量和通电时间的长短，以降低成本、节省电能和减少故障概率。但在 PLC 中，当 PLC 的硬件型号选定以后其价格就定了。编制程序时可以使用 PLC 丰富的内部资源，使程序功能更加强大和完善。

③在继电器－接触器控制电路中，满足条件的各条支路是并行执行的，因而要考虑复杂的联锁关系和临界竞争。然而在 PLC 中，由于 CPU 扫描梯形图的顺序是从上到

下（串行）执行的，因此可以简化联锁关系，不考虑临界竞争问题。

三、实施任务

（一）训练目标

①掌握定时器在程序中的应用，学会闪烁程序的编程方法。

②学会用三菱 FX 系列 PLC 的基本指令编制水塔水位控制的程序。

③会绘制水塔水位控制的 I/O 接线图。

④掌握 FX3U 系列 PLC 的 I/O 端口的外部接线方法。

⑤熟练掌握使用三菱 GX Developer 编程软件编制梯形图与指令表程序，并写入 PLC 程序进行调试运行。

（二）设备与器材

本任务所需设备与器材见表 4-8。

表 4-8　本任务所需设备与器材

序号	器件名词	符号	规格型号	数量	备注
1	常用电工工具		十字螺钉旋具、一字螺钉旋具、尖嘴钳、剥线钳、万用表等	1 套	表中所列设备、器材的型号规格仅供参考
2	计算机（安装 GX Developer 编程软件）			1 台	
3	THPFSL-2 网络型可编程序控制器综合实训装置			1 台	
4	水塔水位控制挂件			1 个	
5	连接导线			若干	

（三）内容与步骤

1. 任务要求

如图 4-43 所示，当水池水位低于水池低水位界（S4 为 ON），阀 Y 打开（Y 为 ON），开始进水，定时器开始计时，4 s 后，如果 S4 还不为 OFF，那么阀 Y 上指示灯以 1 s 的周期闪烁，表示阀 Y 没有进水，出现故障，S3 为 ON 后，阀 Y 关闭（Y 为 OFF）。当 S4 为 OFF 时，且水塔水位低于水塔低水位界时，S2 为 ON，电动机 M 运转抽水。当水塔水位高于水塔高水位界时，电动机 M 停止。

面板中 S1 表示水塔水位上限，S2 表示水塔水位下限，S3 表示水池水位上限，S4 表示水池水位下限，均用开关模拟。M 为抽水电动机，Y 为水阀，两者均用发光二极管模拟。

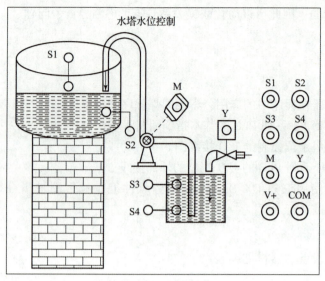

图 4 – 43　水塔水位面板

2. I/O 地址分配与接线图

水塔水位控制 I/O 分配见表 4 – 9。

表 4 – 9　水塔水位控制 I/O 分配表

输入			输出		
设备名称	符号	X 元件编号	设备名称	符号	Y 元件编号
水塔水位上限	S1	X000	水池水阀	Y	Y000
水塔水位下限	S2	X001	抽水电动机	M	Y001
水池水位上限	S3	X002			
水池水位下限	S4	X003			

水塔水位控制 I/O 接线图如图 4 – 44 所示。

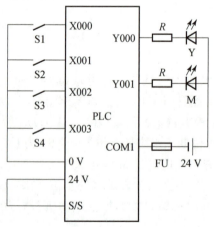

图 4 – 44　水塔水位控制 I/O 接线图

3. 编制程序

根据控制要求利用 GX Developer 编程软件在计算机上输入如图 4-45 所示的程序，然后下载到 PLC 中，如图 4-45 所示。

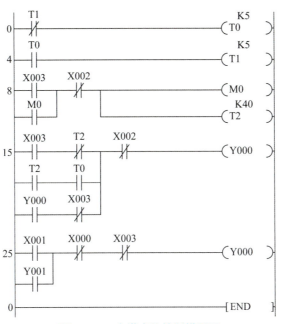

图 4-45　水塔水位控制梯形图

①静态调试按图 4-44 所示 PLC 的 I/O 接线图正确连接输入设备，进行 PLC 的模拟静态调试（合上水池水位下限开关 S4 时，Y000 亮，经过 4 s 延时后，如果 S4 还没断开，则 Y000 闪亮，闭合 S3 时，Y000 灭，当 S4 断开且合上 S2 时，Y001 亮，若闭合 S1，Y001 灭），并通过 GX Developer 编程软件使程序处于监视状态，观察其是否与指示灯一致，否则检查并修改程序，直至输出指示正确。

②动态调试按图 4-44 所示 PLC 的 I/O 接线图正确连接输出设备，进行系统的模拟动态调试，观察水阀 Y 和抽水电动机 M 能否按控制要求动作（合上水池水位下限开关 S4 时，模拟水阀的发光二极管 Y 点亮，经过 4 s 延时后，如果 S4 还没断开，则 Y 闪亮，闭合 S3 时，Y 灭，当 S4 断开且合上 S2 时，模拟抽水电动机 M 的发光二极管点亮，若闭合 S1，M 灭），并通过 GX Developer 编程软件使程序处于监视状态，观察其是否与动作一致，否则检查电路接线或修改程序，直至 Y 和 M 能按控制要求动作。

运行结果正确，训练结束，整理好实训台及仪器设备。

（四）分析与思考

①本任务的闪烁程序是如何实现的？如果改用 M8013 程序应如何编制？
②程序中使用了前面学过的哪种典型的程序结构？

四、考核任务

考核任务见表 4-10。

表 4-10　实施考核任务表

序号	考核内容	考核要求	评分标准	配分	得分
1	电路及程序设计	1. 能正确分配 I/O，并绘制 I/O 接线图； 2. 根据控制要求，正确编制梯形图程序	1. I/O 分配错或少，每个扣 5 分； 2. I/O 接线图设计不全或有错，每处扣 5 分； 3. 梯形图表达不准确或画法不规范，每处扣 5 分	40 分	
2	安装与连线	能根据 I/O 地址分配，正确连接电路	1. 连线错一处，扣 5 分； 2. 损坏元器件，每只扣 3～10 分； 3. 损坏连接线，每根扣 3～10 分	20 分	
3	调试与运行	能熟练使用编程软件编制程序并写入 PLC，且能按要求调试运行	1. 不会熟练使用编程软件进行梯形图的编辑、修改、转换、写入及监视，每项扣 2 分； 2. 不能按照要求完成相应的功能，每缺一项扣 5 分	20 分	
4	安全操作	确保人身和设备安全	违反安全文明操作规程，扣 10～20 分	20 分	
5		合计			

五、拓展知识——定时器的应用

1. 接触器控制原理图分析

图 4-46 为三相电动机延时启动的继电器 - 接触器控制原理图。按下启动按钮 SB1，延时继电器 KT 得电并自保，延时一段时间后接触器 KM 线圈得电，电动机启动运行。按下停止按钮 SB2，电动机停止运行。延时继电器 KT 使电动机完成延时启动的任务。

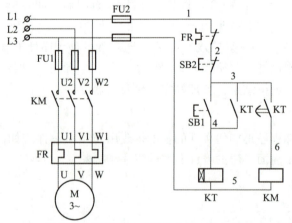

图 4-46　三相电动机延时启动的继电器 - 接触器控制原理图

2. PLC 设计分析

（1）分配 I/O 地址，画出 I/O 接线图

根据本控制任务，要实现电动机延时启动，只需选择发送控制信号的启动、停止按钮和传送热过载信号的 FR 常闭触点作为 PLC 的输入设备；选择接触器 KM 作为 PLC 输出设备，控制电动机的主电路即可。时间控制功能由 PLC 的内部元件（T）完成，不需要在外部考虑。根据选定的 I/O 设备分配 PLC 地址如下：

X020——SB1 启动按钮；

X021——SB2 停止按钮；

Y020——接触器 KM。

根据上述分配的地址，绘制的 I/O 接线图如图 4-47 所示。

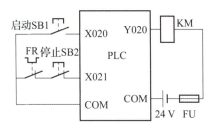

图 4-47　电动机延时启动的 I/O 接线图

（2）设计 PLC 程序

根据继电器-接触器电气原理，可得出 PLC 的软件程序，如图 4-48 所示。程序采用 X020 提供启动信号，辅助继电器 M0 自保以后供 T0 定时用。这样就将外部设备的短信号变成了程序所需的长信号。

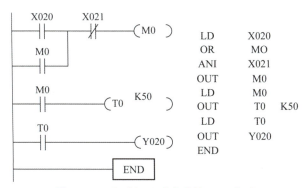

图 4-48　电动机延时启动的 PLC 程序

3. 设计三台电动机顺序启动的 PLC 控制电路

控制要求：当按下启动按钮 SB1 时，第一台电动机启动，同时开始计时，10 s 后第二台电动机启动，再过 20 s 第三台电动机启动。按钮停止按钮 SB，三台电动机都停止。如图 4-49 所示。

4. 定时器串级使用实现延时时间扩展的程序

FX 系列 PLC 定时器最长的时间为 3 276.7 s。如果需要更长的延时时间，可以采用多个定时器组合的方法来获得较长的延时时间，这种方法称为定时器的串级使用。

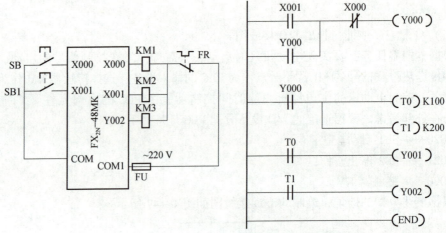

图 4 – 49　三台电动机顺序启动的 PLC 控制电路

图 4 – 50 所示为两个定时器串级使用实现延时时间扩展的程序，当 X000 闭合，T0 得电并开始延时，延时 10 s 时间到，其常开触点闭合又使 T1 得电开始延时，延时 5 s 时间到，其常开触点闭合才使 Y000 为 ON，因此，从 X000 闭合到 Y000 停止输出总延时 10 s + 5 s = 15 s。

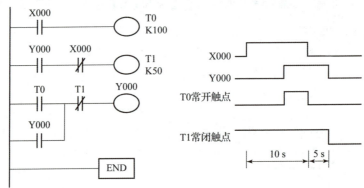

图 4 – 50　两个定时器串级使用实现延时时间扩展的程序

六、总结任务

本任务主要讨论了用经验设计法设计 PLC 梯形图程序，以水塔水位控制这个简单的项目为例，来学习辅助继电器的编程应用，着重分析了用经验设计法设计其控制程序。

在此基础上，通过程序的编制、写入 PLC 外部连线、调试运行和观察结果，进一步加深对所学知识的理解。

任务三　三相异步电动机正反转循环运行的PLC控制

一、导入任务

在"电机与电气控制应用技术"课程中，利用低压电器构建的继电器 – 接触器控制电路实现对三相异步电动机正反转的控制。本任务要求用 PLC 来实现对三相异步电动机正、反转循环运行的控制，即按下启动按钮，三相异步电动机正转 5 s，停 2 s，反转 5 s，停 2 s，如此循环 5 个周期，然后自动停止，运行过程中按下停止按钮电动机立即停止。

要实现上述控制要求，除了使用定时器，利用定时器产生脉冲信号以外，还需要使用栈指令、计数器以及其他基本指令。

二、相关知识

（一）计数器（C 元件）

计数器在 PLC 控制中用作计数控制。三菱 FX 系列 PLC 的计数器分为内部计数器和外部计数器。内部计数器是 PLC 在执行扫描操作时对其内部元件（如 X、Y、M、S、T、C）的信号计数，因此这类计数器又称为高速计数器，工作在中断工作方式下。由于高频信号来自机外、所进行计数，因此，其接通和断开时间应大于 PLC 扫描周期；外部计数器是对外部高频信号进行以 PLC 中高速计数器，都设有专用的输入端子及控制端子。这些专用的输入端子既能完成普通端子的功能，又能接收高频信号。

1. 内部计数器

三菱 FX 系列 PLC 的内部计数器分为 16 位加计数器和 32 位加/减双向计数器。FX 系列 PLC 内部计数器见表 4 - 11。

表 4 - 11　FX 系列 PLC 内部计数器

PLC 机型	16 位加计数器 0 ~ 32 767		32 位加/减双向计数器 - 2147483648 ~ + 2147483647	
	通用	失电保持	通用	失电保持
FX2N、FX2NC 型	100 点（C0 ~ C99）	100 点（C100 ~ C199）	20 点（C200 ~ C219）	15 点（C220 ~ C234）
FX3U、FX3UC 型				

（1）16 位加计数器

16 位计数器是指计数器的设定值及当前值寄存器均为十进制，16 位寄存器的设定值在 K1 ~ K32767 范围内有效。设定值 K0 与 K1 的意义相同，均在第一次计数时，计数器动作 FX 系列 PLC 有两种类型的 16 位加计数器，一种为通用型，另一种为失电保持型。

①通用型 16 位加计数器。FX 型 PLC 内有通用型 16 位加计数器 100 点（C0 ~ C99），它们的设定值均为 K1 ~ K32767。当计数器输入信号每接通一次，计数器当前值增加 1，当计数器的当前值达到设定值时，计数器动作，其常开触点接通，之后即使计数输入再接通，计数器的当前值都保持不变，只有复位输入信号接通时，计数器被复位，计数器当前值才复位为 0，其输出触点也随之复位。计数过程中如果电源断电，通用计数器当前值回 0，再次通电后，将重新计数。

②失电保持型 16 位加计数器。FX 型 PLC 内有失电保持型 16 位加计数器 100 点（C100 ~ C199），它们的设定值均为 K1 ~ K32767。其工作过程与通用型相同，区别在于计数过程中如果电源断电，失电保持型计数器的当前值和输出触点的置位/复位状态保持不变。

计数器的设定值除了可以用十进制常数 K 直接设定外，还可以通过数据寄存器的内容间接设定。计数器采用十进制数编号。下面举例说明通用型 16 位加计数器的工作原理。如图 4 – 51 所示，X000 为复位信号，当 X000 为 ON 时 C0 复位。

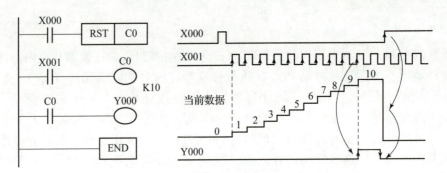

图 4 – 51　16 位加计数器动作过程示意图

X001 是计数信号，每当 X001 接通一次计数器当前值增加 1（注意 X000 断开，计数器不会复位）。当计数器的当前值达到设定值 10 时，计数器动作，其常开触点闭合，Y000 得电。此时即使输入 X001 再接通，计数器当前值也保持不变。当复位输入 X000 接通时，执行复位指令，计数器 C0 被复位，Y000 失电。

（2）32 位加/减计数器

32 位加/减计数器设定值范围为 – 2147483648 ~ + 2147483647。FX 系列 PLC 有两种 32 位加/减计数器，一种为通用型，另一种为失电保持型。

①通用型 32 位加/减计数器。FX3U、FX3UC 型 PLC 内有通用型 32 位加/减计数器 20 点（C200 ~ C219），其加/减计数方式，由特殊辅助继电器 M8200 ~ M8219 设定。计数器与特殊辅助继电器一一对应，如计数器 C215 对应 M8215。当对应的辅助继电器为 ON 时为减计数；当对应的辅助继电器为 OFF 时为增计数。计数值的设定可以直接用十进制常数 K 或间接用数据寄存器 D 的内容，但间接设定时，要用元件号连在一起的两个数据寄存器组成 32 位。

②失电保持型 32 位加/减计数器。FX 型 PLC 内有失电保持型 32 位加/减计数 15 点（C220 ~ C234），其加/减计数方式，由特殊辅助继电器 M8220 ~ M8234 设定。其工作过程与通用型 32 位增/减计数器相同，不同之处在于失电保持型 32 位加/减计数器的当前值和触点状态在断电时均能保持。

32 位加/减计数器的使用方法及动作时序图如图 4 – 52 所示，X012 控制计数方向，X012 断开时，M8200 置 0，为加计数；X012 接通时，M8200 置 1，为减计数。X014 为计数输入端，驱动计数器 C200 线圈进行加/减计数。当计数器 C200 的当前值由 – 6 ~ – 5 增加时，计数器 C200 动作，其常开触点闭合，输出继电器 Y001 动作；由 – 5 ~ – 6 减少时，其常开触点断开，输出继电器 Y001 复位。

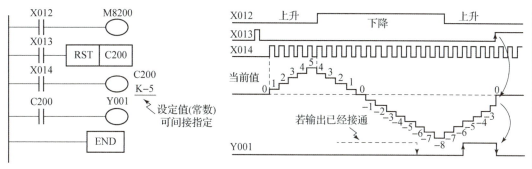

图 4-52   32 位加/减计数器的使用方法及动作时序

2. 高速计数器

高速计数器用来对外部输入信号进行计数，工作方式是按中断方式运行的，与扫描周期无关。一般高速计数器均为 32 位加/减双向计数器，最高计数频率可达 100 kHz。高速计数器除了具有内部计数器通过软件完成启动、复位、使用特殊辅助继电器改变计数方向外，还可通过机外信号实现对其工作状态的控制，如启动、复位和改变计数方向等。高速计数器除了具有内部计数器的达到设定值其触点动作这一工作方式外，还具有专门的控制指令，可以不通过本身的触点，以中断的工作方式直接完成对其他器件的控制。三菱 FX 系列 PLC 中共有 21 点高速计数器（C235～C255）。这些计数器在 PLC 中共享 6 个高速计数器输入端 X000～X005。即，如果一个输入端已被某个高速计数器占用，它就不能再用于另一个高速计数器。也就是说，最多只能同时使用 6 个高速计数器。高速计数器的选择不是任意的，它取决于所需计数器类型及高速输入的端子。计数器类型如下：

单相单计数输入：C235～C245；

单相双计数输入：C246～C250；

双相双计数输入：C251～C255。

输入端 X006、X007 也是高速输入，但只能用于启动信号，不能用于高速计数。不同类型的计数器可同时使用，但它们的输入不能共用。高速计数器都具有断电保持功能，也可以利用参数设定变为非失电保持型，不作为高速计数器使用的输入端可作为普通输入继电器使用，也可作为普通 32 位数据寄存器使用。

高速计数器与输入端的分配见表 4-12，其应用如图 4-53 所示。各类计数器的功能和用法见产品使用手册。

表 4-12   高速计数器与输入端的分配

C X	单相单计数输入											单相双计数输入					双相双计数输入				
	235	236	237	238	239	240	241	242	243	244	245	246	247	248	249	250	251	252	253	254	255
X000	U/D						UD			UD		U	U		U		A	A		A	
X001		U/D					R			R		D	D		D		B	B		B	
X002			U/D					UD			UD			R		R			R		R

C	单相单计数输入											单相双计数输入					双相双计数输入				
X	235	236	237	238	239	240	241	242	243	244	245	246	247	248	249	250	251	252	253	254	255
X003				U/D				R			R			U		U			A		A
X004					U/D				U/D					D		D			B		B
X005						U/D			R					R		R			R		R
X006										S					S					S	
X007											S					S					S

注：U 表示增计数输入，D 表示减计数输入，A 表示 A 相输入，B 表示 B 相输入，R 表示复位输入，S 表示启动输入。

在图 4－53 中，若 X010 闭合，则 C235 复位；若 X012 闭合，则 C235 作减计数；若 X012 断开，则 C235 作加计数；若 X011 闭合，则 C235 对 X000 输入的高速脉冲进行计数。当计数器的当前值由 –5～–6 减小时，C235 常开触点（先前已闭合）断开；当计数器的当前值由 –6～–5 增加时，C235 常开触点闭合。

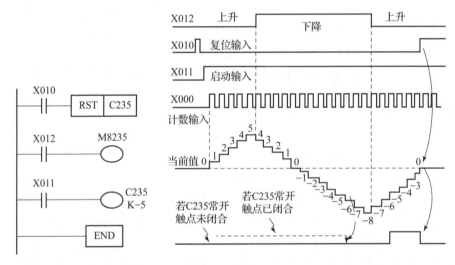

图 4－53　高速计算器应用

（二）计算器应用举例

1. 通用计数器的自复位电路——主要用于循环计数

如图 4－54 所示程序，C0 对计数脉冲 X004 进行计数，计到第 3 次时，C0 的常开触点动作使 Y000 接通。而在 CPU 的第二轮扫描中，由于 C0 的另一常开触点也动作使其线圈复位，后面的常开触点也跟着复位，因此在第二个扫描周期中 Y000 又断开。在第三个扫描周期中，由于 C0 常开触点复位解除了线圈的复位状态，因此使 C0 又处于计数状态，重新开始下一轮计数。

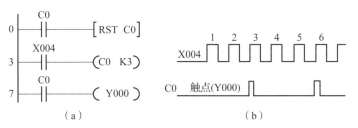

图 4 − 54　通用计数器的自复位电路

（a）梯形图；（b）波形图

与定时器自复位电路一样，计数器的自复位电路也要分析前后三个扫描周期，才能真正理解它的自复位工作过程。计数器的自复位电路主要用于循环计数。定时器计数器的自复位电路在实际中应用非常广泛，要深刻理解才能熟练应用。

2. 时钟电路程序设计

图 4 − 55 所示为时钟电路程序。采用特殊辅助继电器 M8013 作为秒脉冲并送入 C0 进行计数。C0 每计 60 次（1 min）向 C1 发出一个计数信号，C1 计 60 次（1h）向 C2 发出一个计数信号。C0、C1 分别计 60 次，C2 计 24 次。

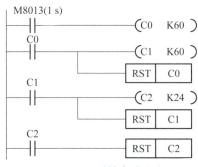

图 4 − 55　时钟电路程序

（三）多重输出指令（堆栈操作指令）MPS/MRD/MPP

PLC 中有 11 个堆栈存储器，用于存储中间结果。

堆栈存储器的操作规则是：先进栈的后出栈，后进栈的先出栈。

MPS——进栈指令，数据压入堆栈的最上面一层，栈内原有数据依次下移一层。

MRD——读栈指令，用于读出最上层的数据，栈中各层内容不发生变化。

MPP——出栈指令，弹出最上层的数据，其他各层的内容依次上移一层。

MPS、MRD、MPP 指令不带操作元件。MPS 与 MPP 的使用不能超过 11 次，并且要成对出现，多重输出指令的用法如图 4 − 56 和图 4 − 57 所示。

三、实施任务

（一）训练目标

①掌握定时器、计数器在程序中的应用，学会堆栈指令和主控触点指令的编程方法。

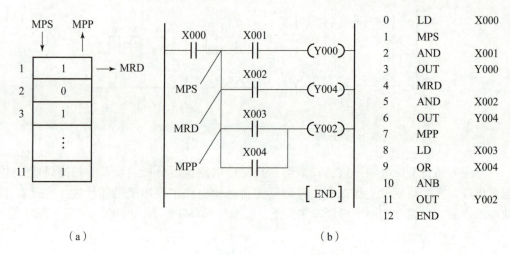

图 4-56   多重输出指令的用法（一）

（a）存储器；（b）多重输出电路的梯形图与指令表图

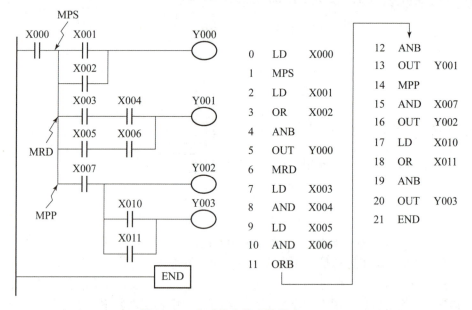

图 4-57   多重输出指令的用法（二）

②学会用三菱 FX 系列 PLC 的基本指令编制电动机正反转循环运行控制的程序。

③会绘制电动机正反转循环运行控制的 I/O 接线图。

④掌握 FX 系列 PLC I/O 端口的外部接线方法。

⑤熟练掌握使用三菱 GX Developer 编程软件编制梯形图与指令表程序，并写入 PLC 进行调试运行。

（二）设备与器材

本任务所需设备与器材见表 4-13。

表4-13　本任务所需设备与器材

序号	器件名词	符号	规格型号	数量	备注
1	常用电工工具	符号	十字螺钉旋具、一字螺钉旋具、尖嘴钳、剥线钳等	1套	表中所列设备、器材的型号规格仅供参考
2	计算机（安装 GX Developer 编程软件）			1台	
3	THPFSL-2网络型可编程序控制器综合实训装置			1台	
4	三相异步电动机	M		1个	
5	三相异步电动机控制面板			若干	

（三）内容与步骤

1. 任务要求

按下启动按钮SB1，三相异步电动机先正转5 s，停2 s，再反转5 s，停2 s，如此循环5个周期，然后自动停止。运行过程中，若按下停止按钮SB3，电动机立即停止。实现上述控制，要有必要的保护环节，其控制面板如图4-58所示。

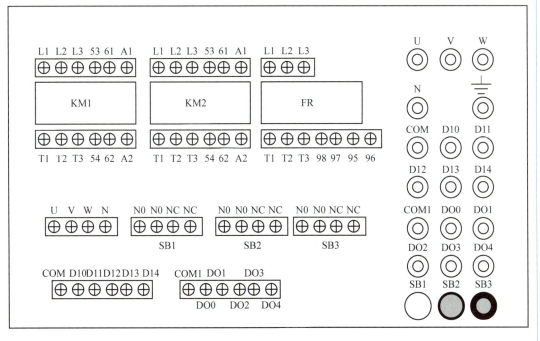

图4-58　三相异步电动机正反转循环运行控制

2. I/O 地址分配与接线图

运行控制面板 I/O 分配见表 4 – 14。

表 4 – 14　I/O 分配表

输入			输出		
设备名称	符号	X 元件编号	设备名称	符号	Y 元件编号
启动按钮	SB1	X000	正转控制交流接触器	KM1	Y000
停止按钮	SB3	X001	正转控制交流接触器	KM2	Y001
热继电器	FR	X002			

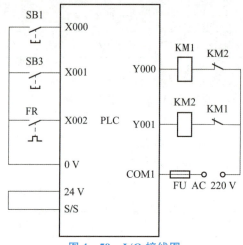

图 4 – 59　I/O 接线图

3. 编制程序

根据控制要求编制梯形图，如图 4 – 60 所示。

4. 调试运行

利用 GX Developer 编程软件在计算机上输入图 4 – 60 所示的程序，然后下载到 PLC 中。

①静态调试。按图 4 – 59 所示 PLC 的 I/O 接线图正确连接输入设备，进行 PLC 的模拟静态调试（按下启动按钮 SB1 时，Y000 亮，5 s 后，Y000 灭，2 s 后，Y001 亮，再过 5 s，Y001 灭，等待 2 s 后，重新开始循环，完成 5 次循环后，自动停止；运行过程中，按下停止按钮 SB3 时，运行过程结束），并通过 GX Developer 编程软件使程序处于监视状态，观察其是否与指示灯一致，否则，检查并修改程序，直接输出指示正确。

②动态调试。按图 4 – 59 所示 PLC 的 I/O 接线图正确连接输出设备，进行系统的空载调试，观察交流接触器能否按控制要求动作（按下启动按钮 SB1 时，KM1 动作，5 s 后，KM1 复位，2 s 后，KM2 动作，再过 5 s，KM2 复位，等待 2 s 后，重新开始循环，完成 5 次循环后，自动停止；运行过程中，按下停止按钮 SB3 时，运行过程结

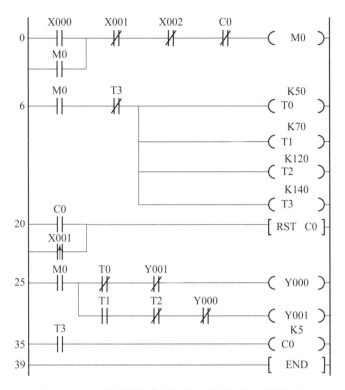

图 4 - 60　三相异步电动机正反转循环控制梯形图

束），并通过 GX Developer 编程软件使程序处于监视状态，观察其是否与动作一致，否则，检查电路接线或修改程序，直至交流接触器能按控制要求动作；然后电动机按 Y 形连接，进行带载动态调试。

运行结果正确，训练结束，整理好实训台及仪器设备。

（四）分析与思考

①本任务的软硬件互锁保护是如何实现的？

②本任务如果将热继电器的过载保护作为硬件条件，试绘制 I/O 接线图，并编制梯形图程序。

四、考核任务

任务考核见表 4 - 15。

表 4 - 15　实施任务考核表

序号	考核内容	考核要求	评分标准	配分	得分
1	电路及程序设计	1. 能正确分配 I/O，并绘制 I/O 接线图； 2. 根据控制要求，正确编制梯形图程序	1. I/O 分配错或少，每个扣 5 分； 2. I/O 接线图设计不全或有错，每处扣 5 分； 3. 梯形图表达不准确或画法不规范，每处扣 5 分	40 分	

序号	考核内容	考核要求	评分标准	配分	得分
2	安装与连线	能根据 I/O 地址分配，正确连接电路	1. 连线错一处，扣 5 分； 2. 损坏元器件，每只扣 3~10 分； 3. 损坏连接线，每根扣 3~10 分	20 分	
3	调试与运行	能熟练使用编程软件编制程序写入 PLC，并按要求调试运行	1. 不会熟练使用编程软件进行梯形图的编辑、修改、转换、写入及监视，每项扣 2 分； 2. 不能按照要求完成相应的功能，每缺一项扣 5 分	20 分	
4	安全操作	确保人身和设备安全	违反安全文明操作规程，扣 10~20 分	20 分	
5			合计		

五、知识拓展

（一）主控触点指令（MC、MCR）

1. 主控触点指令/主控返回指令 MC/MCR

功能：用于公共触点的连接。当驱动 MC 的信号接通时，执行 MC 与 MCR 之间的指令；当驱动 MC 的信号断开时，OUT 指令驱动的元件断开，SET/RST 指令驱动的元件保持当前状态。MC/MCR 指令的使用如图 4-61 所示。

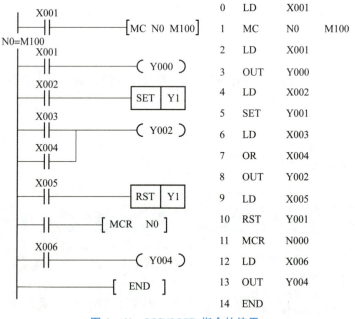

图 4-61 MC/MCR 指令的使用

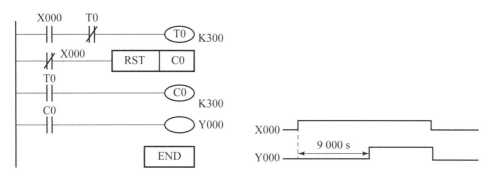

2. 其他要求

①主控 MC 触点与母线垂直，紧接在 MC 触点之后的触点用 LD/LDI 指令。

②主控 MC 与主控复位 MCR 必须成对使用。

③N 表示主控的层数。主控嵌套最多可以为 8 层，用 N0～N7 表示。

④M100 是 PLC 的辅助继电器，每个主控 MC 指令对应用一个辅助继电器表示。

（二）计数器的应用

1. 计数器与定时器组合实现的延时程序

计数器与定时器组合实现的延时程序如图 4-62 所示。图中，当 T0 的延时 30 s 时间到，定时器 T0 动作，其常开触点闭合，使计数器 C0 计数 1 次。而 T0 的常闭触点断开，又使它自己复位，复位后，T0 的当前值变为 0，其常闭触点又闭合，使 T0 又重新开始延时，每一次延时计数器 C0 当前值累加 1，当 C0 的当前值达到 300 时，计数器 C0 动作，才使 Y000 为 ON。整个延时时间为 $T = 300 \times 0.1 \times 300 = 9\,000$（s）。

图 4-62 计数器与定时器组合实现的延时程序

2. 两个计数器组合实现的延时程序

两个计数器组合实现的延时程序如图 4-63 所示。图中，当闭合启停开关 X000 时，计数器 C0 对 PLC 内部的 0.1 s 脉冲 M8012（特殊辅助继电器）进行计数，每 0.1 s 计数器 C0 的当前值加 1，直到 500，C0 动作，计数器 C1 计数 1 次；同时，C0 的常开触点闭合，使它自己复位，当前值清零，C0 又重新开始对 M8012 计数，C0 每重新计数，C1 当前值加 1，直到 C1 当前值达到 100 时，C1 动作，使 Y000 为 ON，从而实现延时时间 $T = 500 \times 0.1 \times 100 = 5\,000$（s）。

3. 单按钮控制电动机启停程序

单按钮控制电动机启停是用一个按钮控制电动机的启动和停止。按一下按钮，电动机启动运行，再按一下，电动机停止，又按一下启动，如此循环。用 PLC 设计的单按钮控制电动机起停程序的方法很多，这里是用计数器实现的控制，梯形图如图 4-64 所示。图中第 1 次按下启停按钮时，X000 常开触点闭合，计时器 C0 当前值计 1 并动作，辅助继电器 M0 线圈得电动作，C0 动作后，其常开触点闭合，使 Y000 线圈得电，电动机启动运行，PLC 执行到第二个扫描周期时，X000 虽然仍为 ON，但 M0 的常闭触点断开，使得 C0 不会被复位，由于复位 C0 的条件是 X000 的常开触点和 M0 常闭触点

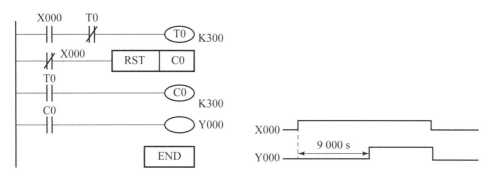

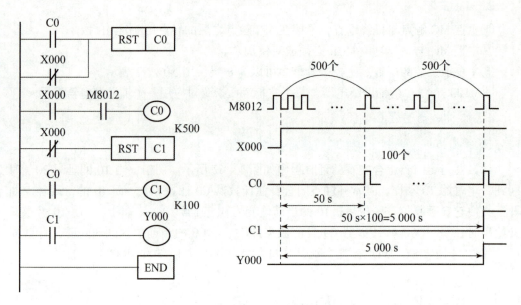

图 4-63　两个计数器组合实现的延时程序

的与，而驱动 M0 线圈的条件是 X000 的常开触点闭合，所以，在 X000 闭合期间及断开后，C0 一直处于动作状态，使电动机处于运行状态，当第 2 次按下启停按钮时，X000 常开触点闭合，M0 常闭触点闭合，C0 的当前值为 1 不变，Y000 常开触点闭合，使得计数器 C0 被复位，C0 常开触点断开，Y000 线圈失电，使电动机停转，以此类推，从而实现了单按钮控制电动机的启停。

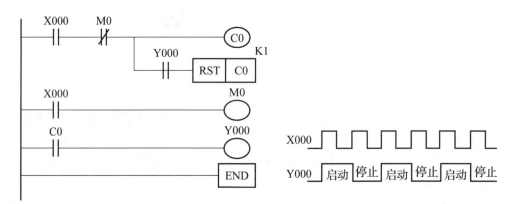

图 4-64　单按钮控制电动机启动停止程序

六、总结任务

本任务主要讨论了用经验设计法设计 PLC 梯形图程序，以三相异步电动机正反转循环运行控制为例来说明计数器的工作原理及使用、栈指令的功能及编程应用，着重分析了用经验设计法设计其控制程序。在此基础上，通过程序的编制、写入、PLC 外部连线、调试运行及观察结果，进一步加深对所学知识的理解。

知识点归纳与总结

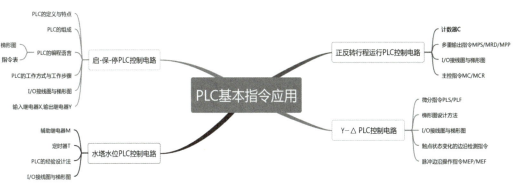

项目四　思考题与习题

一、选择题

1. 下列对 PLC 软继电器的描述中正确的是（　　）。

A. 有无数对常开和常闭触点供编程时使用

B. 只有两对常开和常闭触点供编程时使用

C. 不同型号的 PLC 的情况可能不一样

D. 以上说法都不正确

2. OR 指令的作用是（　　）。

A. 用于单个常开触点与前面的触点串联连接

B. 用于单个常闭触点与上面的触点并联连接

C. 用于单个常闭触点与前面的触点串联连接

D. 用于单个常开触点与上面的触点并联连接

3. 用于驱动线圈的指令是（　　）。

A. LD　　　　　　　B. AND　　　　　　C. OR　　　　　　D. OUT

4. 可编程控制系统的核心部分是（　　）。

A. 控制器　　　　　B. 编程器　　　　　C. 信号输入部件　D. 输出执行部件

5. 可编程控制器的输出一般有三种形式，其中，既可带交流负载又可带直流负载的输出形式是（　　）。

A. 继电器输出　　　B. 晶闸管输出　　　C. 晶体管输出　　D. 三种输出形式均可

6. 下列指令使用正确的是（　　）。

A. OUT X0　　　　　B. MC M100　　　　C. SET Y0　　　　D. OUT T0

7. 小型 PLC 的输入/输出总点数一般不超过（　　）。

A. 128 点　　　　　B. 256 点　　　　　C. 512 点　　　　　D. 1 024 点

8. M8013 的脉冲输出周期是（　　）。

A. 5 s　　　　　　　B. 13 s　　　　　　C. 10 s　　　　　　D. 1 s

9. PLC 运行即自动接通的内部继电器是（　　），在步进顺控程序中可用作系统进入初始状态的条件。

A. M8000　　　　　　B. M8002　　　　　　C. M8012　　　　　　D. M8005

10. PLC 一般采用（　　）与现场输入信号相连。

A. 光电耦合电路　　B. 可控硅电路　　C. 晶体管电路　　D. 继电器

二、判断题

1. 在同一程序中，PLC 的触点和线圈都可以无限次反复使用。　　　　（　　）

2. PLC 控制器是专门为工业控制而设计的，具有很强的抗干扰能力，能在很恶劣的环境下长期连续地可靠工作。　　　　　　　　　　　　　　　　　　（　　）

3. 在 PLC 的梯形图中，触点的串联和并联实质上是把对应的基本单元中的状态依次取出来进行逻辑"与"与逻辑"或"。　　　　　　　　　　　　　　　　（　　）

4. PLC 使用方便，它的输出端可以直接控制电动机的启动，因此在工矿企业中大量使用。　　　　　　　　　　　　　　　　　　　　　　　　　　　　　（　　）

5. PLC 输出端负载的电源，可以是交流电也可是直流电，但需用户自己提供。（　　）

6. PLC 梯形图的绘制方法，是按照自左而右、自上而下的原则绘制的。　（　　）

7. PLC 输入继电器的线圈可由输入元件驱动，也可用编程的方式去控制。（　　）

8. 在 PLC 基本逻辑指令中，"ANI"是"与非"操作指令，即并联一个动断触点。

（　　）

9. PLC 与继电器控制的根本区别在于：PLC 采用的是软器件，以程序实现各器件之间的连接。　　　　　　　　　　　　　　　　　　　　　　　　　　（　　）

10. PLC 的输出继电器的线圈不能由程序驱动，只能由外部信号驱动。　（　　）

三、填空题

1. PLC 的基本结构由中央处理器（CPU）、_____、输入/输出接口、_____、扩展接口、_____、编程工具、智能 I/O 接口、_____等组成。

2. 按 PLC 物理结构形式的不同，可分为_____和_____两类。

3. PLC 常用的编程语言有包括梯形图、_____、_____、指令表、_____。

4. PLC 的工作方式为顺序扫描，重复循环，其工作过程分为_____、_____和输出处理三个阶段。

5. FX 系列数据寄存器 D 存放 16 位二进制的数据，其中最高位为_____，当最高位为 1 时为_____数，为 0 时为_____数。

6. FX3U–48MR 是基本单元模块，有_____个输入接口、_____个继电器型输出接口。

7. 采用 FX3U 系列 PLC 实现定时 50 s 的控制功能，如果选用定时器 T10，其定时时间常数值应该设定为_____；如果选用定时器 T210，其定时时间常数值应该设定为_____。

8. 采用 FX3U 系列 PLC 对多重输出电路编程时，要采用进栈、读栈和_____指令，其指令助记符分别为_____、MRD 和 MPP，其中 MPS 和 MPP 指令必须成对出现，而且这些栈操作指令连续使用应少于_____次。

9. PLC 的_____指令 OUT 是对继电器的状态进行驱动的指令，但它不能用于_____。

10. PLC 开关量输出接口按 PLC 机内使用的器件可以分为_____、晶体管型和

_____。晶体管型的输出接口只适用于_____驱动的场合，而双向晶闸管型的输出接口只适用于_____驱动的场合。

四、设计题

1. 画出三相异步电动机既可点动又可连续运行的电气控制线路。

2. 画出三相异步电动机三地控制（即三地均可启动、停止）的电气控制线路。

3. 为两台异步电动机设计主电路和控制电路，其要求如下：

（1）两台电动机互不影响地独立操作启动与停止；

（2）能同时控制两台电动机的停止；

（3）当其中任一台电动机发生过载时，两台电动机均停止。

4. 试将以上第3题的控制线路的功能改由 PLC 控制，画出 PLC 的 I/O 端子接线图，并写出梯形图程序。

5. 试设计一小车运行的继电器－接触器控制线路，小车由三相异步电动机拖动，其动作程序如下：

（1）小车由原位开始前进，到终点后自动停止；

（2）在终点停留一段时间后自动返回原位停止；

（3）在前进或后退途中任意位置都能停止或启动。

项目五　FX3U 系列 PLC 顺序功能与步进指令的应用

学习目标	知识目标	1. 熟练掌握 PLC 的状态继电器和步进指令的使用； 2. 掌握顺序功能图与步进梯形图的相互转换； 3. 掌握单序列、选择序列和并行序列顺序控制程序的设计方法
	技能目标	1. 会分析顺序控制系统的工作过程； 2. 能合理分配 I/O 地址，绘制顺序功能图； 3. 能使用步进指令将顺序功能图转换为步进梯形图和指令表； 4. 能使用 GX Developer 编程软件编制顺序功能图和梯形图； 5. 能进行程序的离线和在线调试
	素质目标	进一步引入智能建造、工业化施工等领域的内容，融入国家战略、家国情怀，最终转化为树立远大的专业志向，培养报效祖国的热情，树立为国奉献的精神

　　三菱 FX3U 系列 PLC 专门用于顺序控制的步进指令共有两条，下面将通过两种液体混合的 PLC 控制、四节传送带的 PLC 控制、十字路口交通信号灯的 PLC 控制三个任务介绍 FX3U 系列 PLC 步进指令的应用。

大国工匠

任务一　两种液体混合的PLC控制

一、导入任务

　　对生产原料的混合操作是化工、食品、饮料和制药等行业必不可少的工序之一。而采用 PLC 对原料混合操作的装置进行控制具有自动化程度高、生产效率高、混合质量高和适用范围广等优点，其应用较为广泛。液体混合有两种、三种或多种，多种液体按照一定的比例混合是物料混合的一种典型形式，本任务主要通过两种液体混合装置的 PLC 控制来学习顺序控制单序编程的基本方法。

二、相关知识

（一）状态继电器（S 元件）

　　状态继电器是一种在步进顺序控制的编程中表示"步"的继电器，它与后述的步进梯形开始指令 STL 组合使用；状态继电器不在顺序控制中使用时，也可作为普通的辅助继电器使用，且具有断电保持功能，或用作信号报警，用于外部故障诊断。FX3U 系列 PLC 状态继电器见表 5－1。

表 5－1　FX3U 系列 PLC 状态继电器

PLC 机型	初始化用	IST 指令时回零用	通用	断电保持用	报警用
FX3U、FX3UC 系列	S0～S9 共 10 点	S10～S19 共 10 点	S20～S499 480 点	S500～S899（可变）400 点，可以通过参数更改保持/不保持的设定 S1000～S4095（固定）3 096 点	S900～S999 100 点

FX3U、FX3UC 系列 PLC 共有状态继电器 4 096 点（S0～S4095）。状态继电器有 5 种类型：初始状态继电器、回零状态继电器、通用状态继电器、断电保持状态继电器、报警用状态继电器。

①初始状态继电器元件号为 S0～S9，共 10 点，在顺序功能图（状态转移图）中，指定初始元件编号。

②回零状态继电器元件号为 S10～S19，共 10 点，在多种运行模式控制中，指定为返回原点的状态。

③通用状态继电器元件号为 S20～S499，共 480 点，在顺序功能图中，指定为中间工作状态。

④断电保持状态继电器元件号为 S500～S899 及 S1000～S4095，共 3 096 点，用于来电后继续执行停电前状态的场合，其中 S500～S899 可以通过参数设定为一般状态继电器。

⑤报警用状态继电器元件号为 S900～S999，共 100 点，可用作报警组件用。

在使用状态继电器时应注意：

a. 状态继电器与辅助继电器一样有无数对常开和常闭触点。

b. FX3U 系列 PLC 可通过程序设定将 S0～S499 设置为有断电保持功能的状态继电器。

（二）顺序控制的基本概述及状态转移图

1. 步进顺序概述

FX3U 系列 PLC 有两条专用于编制步进顺控程序的指令——步进触点驱动指令 STL 和步进返回指令 RET。

一个控制过程可以分为若干个阶段，这些阶段称为状态或者步。状态与状态之间由转换条件分隔。当相邻两状态之间的转换条件得到满足时就实现状态转换。状态转移只有一种流向的称为单分支流程顺控结构。

2. FX 系列 PLC 的步进顺控指令

步进顺控编程的思路是依据状态转移图，从初始步开始，首先编制各步的动作，再编制转换条件和转换目标，这样逐步将整个控制程序编制完毕。

（1）STL

STL 指令的含义是取步状态元件的常开触点与母线连接，如图 5-1 所示。使用 STL 指令的触点称为步进触点。

STL 指令有主控含义，即 STL 指令后面的触点要用 LD 指令或 LDI 指令。

STL 指令有自动将前级步复位的功能（在状态转换成功的第二个扫描周期时自动将前级步复位），因此使用 STL 指令编程时不考虑前级步的复位设置。

图 5-1　STL 指令

（2）RET

STL 指令的后面，在步进程序的结尾处必须使用 RET 指令，表示步进顺序控制功能（主控功能）结束，如图 5-2 所示。

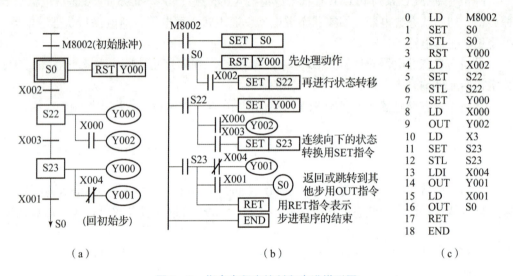

图 5-2　指令表程序编制和步进梯形图
(a) 状态转移图；(b) 步进梯形图；(c) 指令表

根据状态转移图，应用步进 STL、RET 指令编制的梯形图程序和指令表程序如图 5-2 所示，需要考虑以下几个方面。

①先进行驱动动作处理，然后进行状态转移处理，不能颠倒顺序。

②驱动步进触点用 STL 指令，驱动动作用 OUT 输出指令。若某一动作在连续的几步中都需要被驱动，则用 SET/RST（置位/复位）指令。

③接在 STL 指令后面的触点用 LD/LDI 指令，连续向下的状态转换用 SET 指令，否则用 OUT 指令。

④CPU 只执行活动步对应的电路块，因此步进梯形图允许双线圈输出。

⑤相邻两步的动作若不能同时被驱动，则需要安排相互制约的联锁环节。

⑥步进顺控的结尾必须使用 RET 指令。

3. 状态转移图（SFC）的绘制规则

状态转移图也称为功能表图，用于描述控制系统的控制过程，具有简单、直观的特点，是设计 PLC 顺控程序的一种有力工具。状态转移图中的状态有驱动动作、指定转移目标和指定转移条件三个要素。其中，转移目标和转移条件是必不可少的，驱动动作则视具体情况而定，也可能没有实际的动作。如图 5 - 3 所示，初始步 S0 没有驱动动作，S20 为其转移目标，X000、X001 为串联的转移条件；在 S20 步，Y001 为其驱动动作，S21 为其转移目标，X002 为转移条件。

　　步与步之间的有向线段表明流程方向，其中向下和向右方向箭头可以省略。图 5 - 3 中流程方向始终向下，因而省略了方向箭头。

4. 状态转换的实现

　　步与步之间的状态转换需满足两个条件：一是前级步必须是活动步；二是对应的转换条件要成立。满足上述两个条件就可以实现步与步之间的转换。值得注意的是，一旦后续步转换成为活动步，前级步就要复位成为非活动步。

　　状态转移图的分析条理十分清晰，无须考虑状态之间繁杂的联锁关系，可以理解为："只干自己需要干的事，无须考虑其

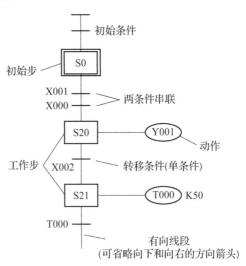

图 5 - 3　状态转移图的画法

他"。另外，也方便了程序的阅读理解，使程序试运行、调试、故障检查与排除变得非常容易，这就是步进顺控设计法的优点。

三、任务实施

(一) 训练目标

　　①根据控制要求绘制单序列顺序功能图，并用步进指令转移成梯形图与指令表。

　　②学会 FX3U 系列控制步进指令设计方法。

　　③熟练使用三菱 GX Developer 编程软件进行步进指令程序输入，并写入 PLC 进行调试运行，查看运行结果。

　　本项目的任务是安装与调试液体混合装置 PLC 控制系统。系统控制要求如下：

　　如图 5 - 4 所示，SL1、SL2、SL3 为三个液位传感器，被液体淹没时接通。进液阀 YV1、YV2 分别控制 A 液体和 B 液体进液，出液阀 YV3 控制混合液体出液。

　　①初始状态。当装置投入运行时，进液阀 YV1、YV2 关闭，出液阀 YV3 打开 20 s 将容器中的残存液体放空后关闭。

　　②启动操作。按下启动按钮 SB1，液体混合装置开始按以下顺序工作：

　　a. 进液阀 YV1 打开，A 液体流入容器，液位上升。

　　b. 当液位上升到 SL2 处时，进液阀 YV1 关闭，A 液体停止流入，同时打开进液阀 YV2，B 液体开始流入容器。

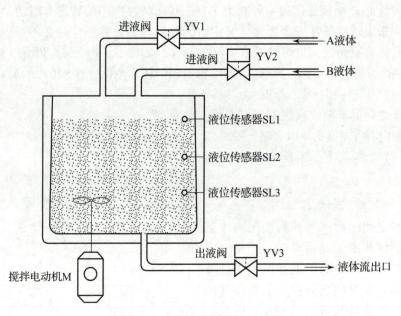

图 5-4　液体混合装置示意图

c. 当液位上升到 SL1 处时，进液阀 YV2 关闭，B 液体停止流入，同时搅拌电动机 M 开始工作。

d. 电动机 M 搅拌 1 min 后，停止搅拌，放液阀 YV3 打开，开始放液，液位开始下降。

e. 当液位下降到 SL3 处时，开始计时且装置继续放液，将容器放空，计时满 20 s 后关闭放液阀 YV3，自动开始下一个循环。

③停止操作工作中，若按下停止按钮 SB2，装置不会立即停止，而是完成当前工作循环后再自动停止。

本项目的具体任务流程如图 5-5 所示。

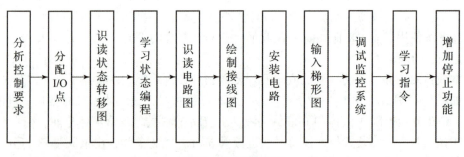

图 5-5　任务流程

（二）设备与器材

学习所需设备与器材见表 5-2。

表 5 - 2 设备与器材清单

序号	分类	名称	型号规格	数量	单位	备注
1	工具	常用电工工具		1	套	
2		万用表	MF47	1	只	
3	设备	PLC	FX3U – 48MR	1	台	
4		小型三极断路器	DZ47 – 63	1	个	
5		控制变压器	BK100，380 V/220 V、24 V	1	个	
6		三相电源插头	16 A	1	个	
7		熔断器底座	RT18 – 32	6	个	
8		熔管	2 A	3	台	
9			6 A	3	台	
10		交流接触器	CJXI – 12/22，220 V	4	个	
11		按钮	LA38/203	2	个	
12		三相笼型异步电动机	380 V，0.75 kW，Y 联结	1	台	
13		端子板	TB – 1512L	2	个	
14		安装铁板	600 mm × 700 mm	1	块	
15		导轨	35 mm	0.5	m	
16		走线槽	TC3025	若干	m	
17	消耗材料	铜导线	BVR – 1.5 mm²	5	m	
18			BVR – 1.5 mm²	2	m	双色
19			BVR – 1.0 mm²	5	m	
20		紧固件	M4 × 20 mm 螺钉	若干	只	
21			M4 螺母	若干	只	
22			φ4 mm 垫圈	若干	只	
23		编码管	φ1.5 mm	若干	m	
24		编码笔	小号	1	支	

（三）内容与步骤

从液体混合装置的工作过程可以看出，整个工作过程主要分为初始准备、进 A 液、进 B 液、搅拌、出液 5 个阶段（步），各阶段（步）是按顺序在相应的转换信号指令下从一个阶段（步）向下一个阶段（步）转换，属于顺序控制。三菱 PLC 为此配备了专门的顺序控制指令——步进指令，用步进指令编程简单直观、方便易读。下面结合液体混合装置，学习步进程序的设计方法，用步进指令编程实现对它的控制。

1. 分析控制要求，确定输入/输出设备

（1）分析控制要求

①启动操作。分析系统控制要求，可将系统的工作流程分解为 5 个工作步骤，如图 5-6 所示。

第一步：初始准备阶段，出液阀 YV3 打开，放液 20 s。

第二步：按下启动按钮 SB1，进液阀 YV1 打开，进 A 液。

第三步：SL2 动作，打开进液阀 YV2，进 B 液。

第四步：SL1 动作，搅拌电动机 M 工作，搅拌混合液体 1 min。液体混合装置工作流程如图 5-6 所示。

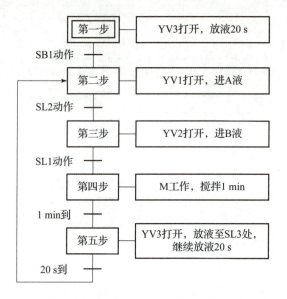

图 5-6　液体混合装置工作流程示意图

第五步：1 min 到，打开放液阀 YV3 放液至 SL3 处，开始计时且继续放液，计时满 20 s 后，开始下一个循环。

②停止操作。在工作过程中，按下停止按钮 SB2 后，装置不会立即停止，而是完成当前工作循环后才会自动停止。

（2）确定输入设备

根据上述分析，系统有 5 个输入信号启动，停止，液位传感器 SLI、S12 和 SL3 检测信号。由此确定，系统的输入设备有两只按钮和三只传感器，PLC 需用 5 个输入点分别与之相连。

（3）确定输出设备

系统由进液阀 YV1、YV2 分别控制 A 液与 B 液的进液；出液阀 YV3 控制放液；电动机 M 进行混合液体的搅拌。由此确定，系统的输出设备有三只电磁阀和一只接触器，PLC 需用 4 个输出点分别驱动它们。

2. I/O 点分配

根据确定的输入/输出设备及输入/输出点数分配 I/O 点，见表 5-3。

表 5-3　输入/输出设备及 I/O 点分配表

输入			输出		
元件代号	功能	输入点	元件代号	功能	输出点
SB1	系统启动	X0	KM	控制搅拌电动机	Y0
SB2	系统停止	X1	YV1	进液阀	Y4
SL1	液位传感器	X2	YV2	进液阀	Y5
SL2	液位传感器	X3	YV3	出液阀	Y6
SL3	液位传感器	X4	YV4		

3. 系统状态转移图

图 5-6 很清晰地描述了系统的整个工艺流程，将复杂的工作过程分解成若干步，各步包含了驱动功能、转移条件和转移方向。这种将整体程序分解成若干步进行编程的思想就是状态编程的思想，而状态步进编程的主要方法是应用状态元件编制状态转移图。

（1）状态元件 S

状态元件是状态转移图的基本元素，也是一种软元件。FX3U 系列 PLC 的状态元件见表 5-4。

表 5-4　FX3U 系列 PLC 的状态元件

元件编号	个数	用途
S0 ~ S9	10	用作初始状态
S10 ~ S19	10	多运行模式控制中，用作返回原点状态
S20 ~ S499	480	用作中间状态
S900 ~ S999	100	用作报警元件

（2）状态转移图

将图 5-6 中的设备用初始状态元件 S0 表示，其他各步用 S20 开始的一般状态元件表示，再将转移条件和驱动功能换成对应的软元件，图 5-6 所示的工作流程就演变为如图 5-7 所示的状态转移图。

（3）状态三要素

如图 5-7 所示，状态转移图中有驱动的负载、向下一状态转移的条件和转移的方向，三者构成了状态转移图的三要素。以 S20 状态为例，驱动的负载为 Y004，向下一状态转移的条件为 X003,转移的方向为 S21。

　　在状态三要素中,是否驱动负载视具体控制情况而定,但转移条件和转移方向是必不可少的。所以初始状态 S0 也必须有转移条件,否则无法激活它,通常采用 PLC 的特殊辅助继电器 M8002 实现。M8002 的作用是在 PLC 运行的第一个扫描周期内接通,产生一个扫描周期的初始化脉冲。完整的液体混合装置状态转移图如图 5-7 所示。

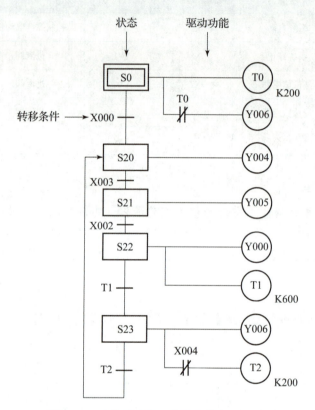

图 5-7　完整的液体混合装置状态转移图

4. 状态编程

（1）步进指令

FX3U 系列 PLC 的步进指令有两条:步进接点指令（STL）和步进返回指令（RET）。

①步进接点指令（STL）。指令 STL 用于激活某个状态,从主母线上引出状态接点,建立子母线,以使该状态下的所有操作均在子母线上进行,其符号为—［STL］—。

②步进返回指令（RET）。指令 RET 用于步进控制程序返回主母线。由于非状态控制程序的操作在主母线上完成,而状态控制程序均在子母线上进行,因此为了防止出现逻辑错误,在步进控制程序结束时必须使用 RET 指令。

（2）梯形图

根据状态图的编程原则,将图 5-7 的状态图转化为图 5-8 所示的梯形图。

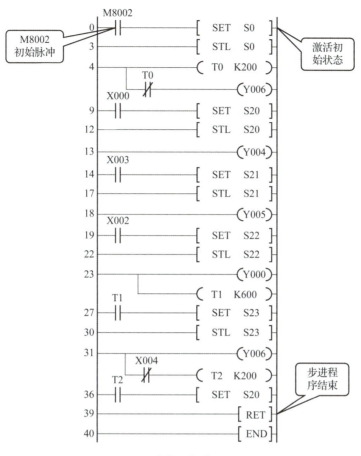

图 5 – 8　液体混合装置梯形图

①S0 的状态。PLC 在运行第一个扫描周期，M8002 接通（转移条件成立）激活 S0 的状态，建立子母线，定时器 T0 定时 20 s，Y006 动作开始放液，定时时间到 Y006 复位停止放液，按下启动按钮，X000 动作初始状态 S0 向一般状态 S20 转移。

②S20 状态。STL S20 激活 S20 状态，建立子母线。在子母线上，Y004 动作进 A 液。当液位上升至 SL2 处，X003 动作，向 S21 状态转移。

③S21 状态。STL S21 激活 S21 状态，建立子母线。在子母线上，Y005 动作进 B 液。液位上升至 SL1 处，X002 动作，向 S22 状态转移。

④S22 状态。STL S22 激活 S22 状态，建立子母线。在子母线上，T1 开始计时，Y000 动作，开始搅拌混合液体。60 s 时间到，向 S23 状态转移。

⑤S23 状态。STL S23 激活 S23 状态，建立子母线。在子母线上，Y006 动作开始放液。液位下降至 SL3 处，X004 复位，开始定时 20 s，时间到向 S20 状态转移，自动进入下一个循环。

5. 系统 I/O 接线图

液体混合装置 I/O 接线图如图 5 – 9 所示。其电路的组成元件及元件功能说明见表 5 – 5。

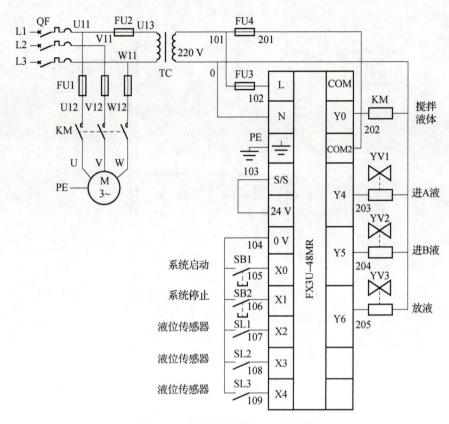

图 5 – 9　液体混合装置 I/O 接线图

表 5 – 5　电路组成及元件功能

序号	电路名称	电路组成	元件功能	备注
1	电源电路	QF	电源开关	
2		FU2	用作变压器短路保护	
3		TC	给 PLC 及 PLC 输出设备提供电源	
4	主电路	FUI	主电路短路保护	
5		KM 主触头	控制搅拌电动机	
6		M	搅拌混合液体	
7	控制电路	FU3	用作 PLC 电源电路短路保护	
8		SB1	系统启动	
9		PLC 输入电路　SB2	系统停止	
10		SL1	液位传感器，检测液位	
11		SL2	液位传感器，检测液位	
12		SL3	液位传感器，检测液位	

序号	电路名称	电路组成	元件功能	备注
13	控制电路	PLC 输出电路	FU4	用作 PLC 输出电路短路保护	
14			KM	控制 KM 的吸合与释放	
15			YV1	进 A 液	
16			YV2	进 B 液	

液体混合装置控制系统接线图如图 5 – 10 所示。

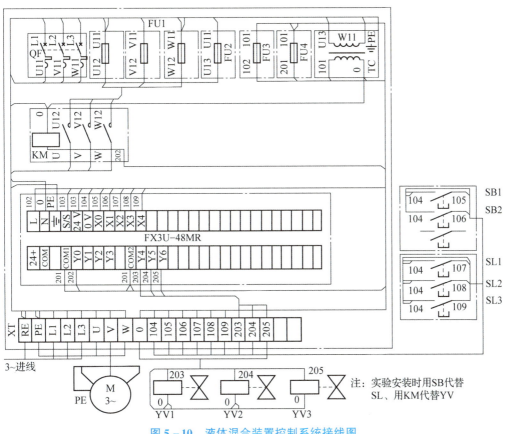

图 5 – 10　液体混合装置控制系统接线图

注：实验安装时用 SB 代替 SL、用 KM 代替 YV

6. 安装电路

①检查元器件。检查元器件的规格是否符合要求，检测元器件的质量是否完好。

②按照绘制的接线图固定元器件。

③配线安装。根据配线原则及工艺要求，对照绘制的接线图进行配线安装。

a. 板上元件的配线安装。

b. 外围设备的配线安装。

④自检。

a. 检查布线。对照线路图检查是否掉线、错线，是否漏编、错编，接线是否牢固等。

b. 使用万用表检测。按表5-6的检测过程使用万用表检测安装的电路,如测量阻值与正确阻值不符,应根据接线图检查是否有错线、掉线、错位、短路等。

⑤通电观察 PLC 的指示灯。

经自检,确认电路正确和无安全隐患后,在教师监护下,按照表5-7,通电观察 PLC 的指示灯并做好记录。

表5-6 万用表的检测过程

序号	检测任务	操作方法		正确阻值	测量阻值	备注
1	检测主电路	合上 QF,断开 FU2 后分别测量 XT 的 L1 与 L2、L2 与 L3、L3 与 L1 之间的阻值	常态时,不动作任何元件	均为∞		
2			压下 KM	均为电动机两相定子绕组的阻值之和		
3		接通 FU2,测量 XT 的 LI 和 L3 之间的阻值		TC 一次绕组的阻值		
4	检测 PLC 输入电路	测量 PLC 的电源输入端子 L 与 N 之间的阻值		约为 TC 二次绕组的阻值		
5		测量电源输入端子 L 与公共端子 0 V 之间的阻值		∞		
6		常态时,测量所用输入点 X 与公共端子 0 V 之间阻值		均为几千欧至几十千欧		
7		逐一动作输入设备,测量其对应的输入点 X 与公共端子 0 V 之间的阻值		均约为 0 V		
8	检测 PLC 输出电路	测量输出点 Y0 与公共端子 COM1 之间的阻值		TC 二次绕组与 KM 线圈的阻值之和		
9		分别测量 Y4、Y5、Y6 与 COM2 之间的阻值		TC 二次绕组与 YV 线圈的阻值之和		
10		检测完毕,断开 QF				

表5-7 通电观察 PLC 的指示 LED 表

步骤	操作内容	LED	正确结果	观察结果	备注
1	先插上电源插头,再合上断路器	POWER	点亮		已通电,注意安全
		所有 IN	均不亮		

学习笔记

步骤	操作内容	LED	正确结果	观察结果	备注
2	RUN/STOP 开关拨至"RUN"位置	RUN	点亮		
3	RUN/STOP 开关拨至"STOP"位置	RUN	熄灭		
4	按下 SB1	IN0	点亮		
5	按下 SB2	IN1	点亮		
6	动作 SL1	IN2	点亮		
7	动作 SL2	IN3	点亮		
8	动作 Sl3	IN4	点亮		
9	拉下断路器后,拔下电源插头	POWER	熄灭		已断电,做了吗?

(四) 分析与思考

①PLC 能够实现单流程顺序控制。

②一旦系统的某一个状态被"激活",其上一个状态将自动"关闭"。所谓"激活",是指该状态下的程序被扫描执行。所谓"关闭",是指该状态下的程序停止扫描,不被执行。

③系统工作时,上一个状态必须被"激活",下一个状态才可能转移。即若对应的状态是"开启"的,负载驱动和状态转移才有可能;反之,若对应的状态是"关闭"的,就不能驱动负载和状态转移。

四、任务考核

任务考核见表 5-8。

表 5-8 任务考核表

考核项目	考核要求	配分	评分标准	扣分	得分	备注
系统安装	1. 会安装元器件; 2. 按图完整、正确及规范接线; 3. 按照要求编号	30	1. 元器件松动每处扣 2 分,损坏一处扣 4 分; 2. 错、漏线每处扣 2 分; 3. 反圈、压皮、松动每处扣 2 分; 4. 错、漏编号每处扣 1 分			
编程操作	1. 正确绘制状态转移图; 2. 会建立程序新文件; 3. 正确输入指令表; 4. 正确保存文件; 5. 会传送程序	40	1. 绘制状态转移图错误扣 5 分; 2. 不能建立程序新文件或建立错误扣 4 分; 3. 输入指令表错误一处扣 2 分; 4. 保存文件错误扣 4 分; 5. 传送程序错误扣 4 分			

五、拓展知识

(一) 初始步的处理方法

初始步可由其他步驱动，但运行开始时必须用其他方法预先做好驱动，否则状态流程不可能向下进行。一般用系统的初始条件驱动，若无初始条件，可用 M8002 或 M8000（PLC 从 STOP→RUN 切换时的初始化脉冲）进行驱动。

(二) 步进梯形图编程的顺序

编程时必须使 STL 指令对应于顺序功能图上的每一步。步进梯形图中每一步的编程顺序为：先进行驱动处理，后进行转移处理。二者不能颠倒。驱动处理就是该步的输出处理，转移处理就是根据转移方向和转移条件实现下一步的状态转移。

(三) 用辅助继电器设计单一流程顺序控制程序

使用步进顺序控制指令设计顺序控制指令程序的特点是，"激活" 下一个状态，自动 "关闭' 上一个状态。根据这个特点，用辅助继电器也可以实现用流程顺序控制程序的设计，其设计方法为使用辅助继电器 M 替代工作步，应用 SET 位置指令 "激活" 下一个状态 M，使用 RST 复位指令 "关闭" 上一状态 M。如图 5 – 11 所示，顺序功能图中用辅助继电器 M 替代各工作步（状态 S）。以其状态 M2 为例，当 M1 动作和 X003 接通时，执行指令 "SET M2"，即 "激活" 状态 M2；再执行指令 "RST M1"，即 "关闭" 状态 M1；最后用 M2 动合触点驱动 Y001。其顺序功能图与梯形图的转换过程如图 5 – 12 所示。根据此方法将图 5 – 11 转换为单流程顺序控制梯形图，如图 5 – 13 所示。

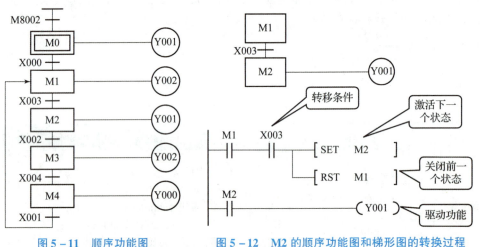

图 5 – 11　顺序功能图　　　　图 5 – 12　M2 的顺序功能图和梯形图的转换过程

六、任务总结

本任务首先介绍了用状态继电器 S 表示各 "步"，绘制顺序功能图，然后利用步进指令将顺序功能图转换成对应梯形图与指令表，最后通过两种液体混合装置 PLC 控制任务的实施，以进一步掌握顺序控制单序列编程的方法。步进指令编程方法相比较于经验设计法而言，规律性很强，较容易理解和掌握，这种方法也是初学者常用的 PLC 程序设计方法。

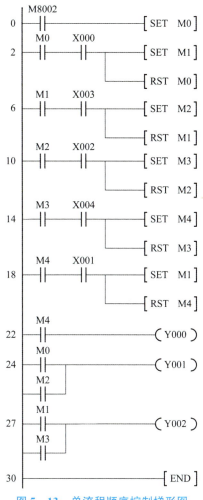

图 5 – 13　单流程顺序控制梯形图

任务二　大小球分拣系统的PLC控制

一、导入任务

识读选择性分支状态转移图，学会选择性分支的状态编程方法；独立完成大小球分类传送控制系统的安装、调试与监控。

本项目的任务是安装与调试大小球分类传送 PLC 控制系统。系统控制要求如下：大小球分类传送装置的主要功能是将大球吸住送到大球容器中，将小球吸住送到小球容器中，实现大、小球分类放置。

二、相关知识

1. 选择性分支结构

从多个分支流程中选择执行某一个单支流程，称为选择性分支结构，如图 5 – 14

所示。图 5-14 中 S20 为分支状态，该状态转移图在 S20 步以后分成了三个分支，供选择执行。

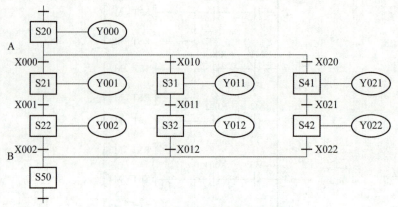

图 5-14 选择性分支的状态转移图

当 S20 步被激活成为活动步后，若转换条件 X000 成立就执行左边的程序，若 X010 成立就执行中间的程序，若 X020 成立则执行右边的程序，转换条件 X000、X010 及 X020 不能同时成立。

S50 为汇合状态，可由 S22、S32、S42 中任意状态驱动。

2. 选择性分支的编程

选择性分支结构的编程原则是先集中处理分支转移情况，然后依顺序进行各分支程序处理和汇合状态，如图 5-15 所示。

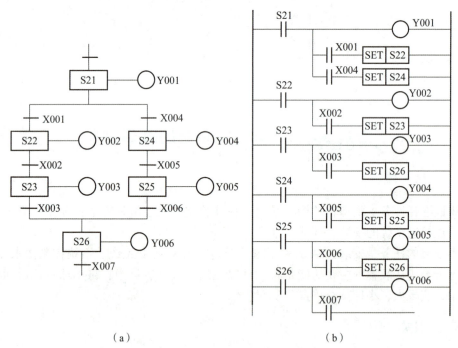

（a）   （b）

图 5-15 选择分支的步进梯形图编程和指令表编程

（a）选择顺序 STL 功能图；（b）STL 梯形图

0000	STL	S21	0009	SET	S23	0018	STL	S25
0001	OUT	Y001	0010	STL	S23	0019	OUT	Y005
0002	LD	X001	0011	OUT	Y003	0020	LD	X006
0003	SET	S22	0012	LD	X003	0021	SET	S26
0004	LD	X004	0013	SET	S26	0022	STL	S26
0005	SET	S24	0014	STL	S24	0023	OUT	Y006
0006	STL	S22	0015	OUT	Y004	0024	LD	X007
0007	OUT	Y002	0016	LD	X005		⋮	
0008	LD	X002	0017	SET	S25			

(c)

图 5 – 15　选择分支的步进梯形图编程和指令表编程（续）

(c) 语句表

三、任务实施

（一）训练目标

①根据控制要求绘制单序列顺序功能图，并用步进指令转移成梯形图与指令表。

②学会 FX3U 系列控制步进指令设计方法。

③熟练使用三菱 GX Developer 编程软件进行步进指令程序输入，并写入 PLC 进行调试运行，查看运行结果。

大小球分类传送装置的主要功能是将大球吸住送到大球容器中，将小球吸住送到小球容器中，实现大小球分类放置。

（1）初始状态

如图 5 – 16 所示，左上为原点位置，上限位开关 SQ1 和左限位开关 SQ3 压合动作，原点指示灯 HL 亮。装置必须停在原点位置时才能启动；若初始时不在原点位置，可通过手动方式调整到原位后再启动。

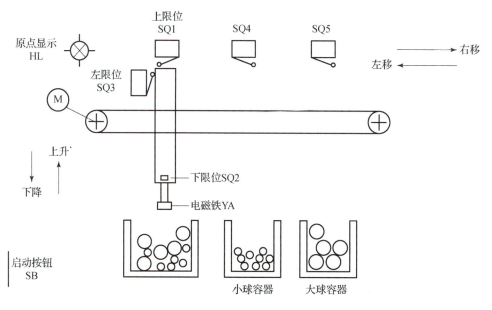

图 5 – 16　大小球分类传送装置示意图

（2）大小球判断

当电磁铁碰着小球时，下限位开关 SQ2 动作压合；当电磁铁碰着大球时，SQ2 不动作。

（3）工作过程

按下启动按钮 SB，装置按以下规律工作（下降时间为 2 s，吸球放球时间为 1 s）：

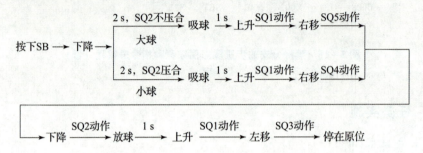

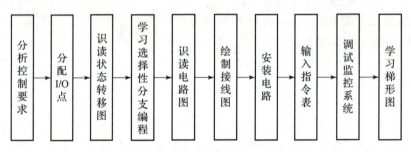

本项目的任务流程如图 5 –17 所示。

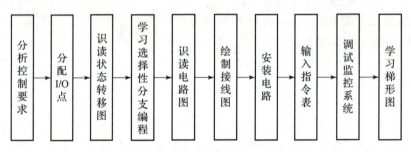

图 5 –17　任务流程

（二）设备与器材

设备与器材见表 5 –9。

表 5 –9　设备与器材清单

序号	分类	名称	型号规格	数量	单位	备注
I	工具	常用电工工具		1	套	
2		万用表	MF47	1	只	
3		PLC	FX3U –48MR	1	台	
4		小型三极断路器	DZ47 –63	1	个	
5		控制变压器	BK100，380 V/220 V、24 V	1	个	
6	设备	三相电源插头	16 A	1	个	
7		熔断器底座	RT18 –32	10	个	
8		熔管	2 A	4	只	
9			6 A	6	只	

序号	分类	名称	型号规格	数量	单位	备注
10	设备	交流接触器	CJX1 – 12/22，220 V	5	个	
11		指示灯	24 V	1	个	
12		按钮	LA38/203	1	个	
13		行程开关	YBLX – K1/311	5	个	
14		三相笼型异步电动机	380 V，0.75 kW，Y 联结	2	台	
15		端子板	TB – 1512L	2	个	
16		安装铁板	600 mm×700 mm	1	块	
17		导轨	35 mm	0.5	m	
18		走线槽	TC3025	若干	m	

（三）内容与步骤

根据大小球分类传送装置的工作过程，以吸住球的大小作为选择条件，可将工作流程分成两个分支，SQ2 压合时，系统执行小球分支，反之系统执行大球分支。显然，SQ2 动作与否是判断选择不同分支执行的条件，属于步进顺序控制程序中的选择性分支。下面结合大小球分类传送装置，学习选择性分支步进程序设计的基本方法，实现大小球分类传送。

1. 分析控制要求，确定输入和输出设备

（1）分析控制要求

根据步进状态编程的思想，首先将系统的工作过程进行分解，其流程如图 5 – 18 所示。

（2）确定输入设备

系统的输入设备有 5 个行程开关和 1 个按钮，PLC 需用 6 个输入点分别和它们的动合触点相连。

（3）确定输出设备

系统由电动机 M1 拖动分拣臂左移或右移，电动机 M2 拖动分拣臂上升或下降，电磁铁 YA 吸、放球，原点到位由指示灯 HL 显示。由此确定，系统的输出设备有 4 个接触器、1 个电磁铁和 1 个指示灯，PLC 需用 6 个输出点分别驱动控制两台电动机正反转的接触器线圈、电磁铁和指示灯。

2. I/O 点分配

根据确定的输入/输出设备及输入/输出点数分配 I/O 点，见表 5 – 10。

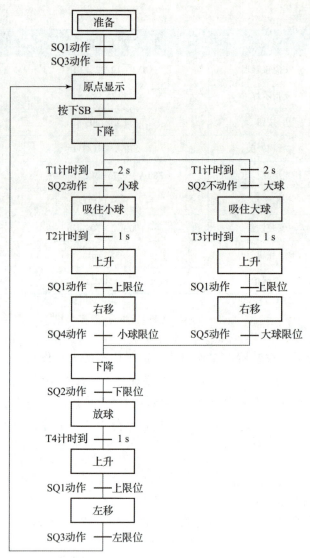

图 5-18　大小球分拣工作流程

表 5-10　I/O 点分配

输入			输出		
元件代号	功能	输入点	元件代号	功能	输出点
SB	系统启动	X0	KM1	上升	Y0
SQ1	上限位	X1	KM2	下降	Y1
SQ2	下限位	X2	KM3	左移	Y2
SQ3	左限位	X3	KM4	右移	Y3
SQ4	小球限位	X4	YA	吸球	Y4
SQ5	大球限位	X5	HL	原点显示	Y10

3. 系统状态转移图

根据工作流程图与状态转移图的转换方法，将图 5 – 18 转换成状态转移图，如图 5 – 19 所示。

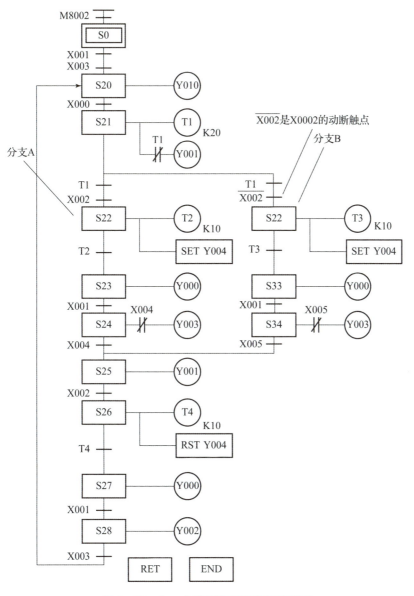

图 5 – 19　大、小球分拣系统状态转移图

4. 选择性分支的状态编程

（1）选择性分支状态转移图的特点

图 5 – 20 所示为选择性分支状态转移图，它具有以下三个特点：

①状态转移图有两个或两个以上分支。分支 A 为小球传送控制流程，分支 B 为大球传送控制流程。

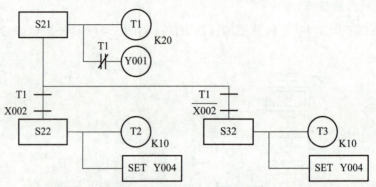

图 5-20　选择性分支状态转移图

②S21 为分支状态。S21 状态是分支流程的起点，称为分支状态。

在分支状态 S21 下，系统根据不同的转移条件，选择执行不同的分支，但不能同时成立，只能有一个为 ON。若 X002 已动作，当 T1 动作时，执行分支 A；若 X002 未动作，T1 动作时，执行分支 B。

③S25 为汇合状态。S25 状态是分支流程的汇合点，称其为汇合状态。汇合状态 S25 可以由 S24、S34 中的任一状态驱动。

（2）选择性分支状态转移图的编程原则

先集中处理分支状态，后集中处理汇合状态。如图 5-20 所示，先进行 S21 分支状态的编程，再进行 S25 汇合状态的编程。

①S21 分支状态的编程。分支状态的编程方法：先进行分支状态的驱动处理，再依次转移。以图 5-19 为例，运用此方法，编写分支状态 S21 的程序，编程指令表见表 5-11。

表 5-11　分支状态 S21 的编程指令表

编程步骤	指令	元件号	指令功能	备注
第一步：分支状态的驱动处理	STL	S21	激活分支状态 S21	
	OUT	T1 K20	驱动负载	
	LDI	T1		
	OUT	Y001		
第二步：依次转移	LD	T1	第一分支转移条件	向第一分支转移
	AND	X002		
	SET	S22	第一分支转移方向	
	LD	T1	第二分支转移条件	向第二分支转移
	ANI	X002		
	SET	S32	第二分支转移方向	

②S25 汇合状态的编程。汇合状态的编程方法：先依次进行汇合前所有状态的驱动处理，再依次向汇合状态转移。以图 5-21 为例，运用此方法，编写汇合状态 S25 的编

程指令表，见表 5 – 12。

5. 系统电路图

电路组成及元件功能如表 5 – 13 所示。

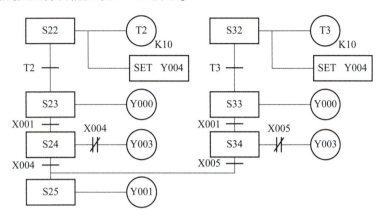

图 5 – 21　汇合状态 S25 的编程状态转移图

表 5 – 12　汇合状态 S25 的编程指令表

编程步骤		指令	元件号	指令功能	备注
第一步：依次进行汇合前所有状态驱动	第一分支	STL	S22	激活 S22 状态	S22 状态的驱动处理
		OUT	T2 K10	驱动负载	
		SET	Y004		
		LD	T2	转移条件	
		SET	S23	转移方向	
		STL	S23	激活 S23 状态	S23 状态的驱动处理
		OUT	Y000	驱动负载	
		LD	X001	转移条件	
		SET	S24	转移方向	
		STL	S24	激活 S24 状态	S24 状态的驱动处理
		LDI	X004	驱动负载	
		OUT	Y003		
		STL	S32	激活 S32 状态	S32 状态的驱动处理
		OUT	T3 K10	驱动负载	
		SET	Y004		
		LD	T3	转移条件	
		SET	S33	转移方向	

编程步骤		指令	元件号	指令功能	备注
第二步：依次汇合状态转移	第二分支	STL	S33	激活 S33 状态	S33 状态的驱动处理
		OUT	Y000	驱动负载	
		LD	X001	转移条件	
		SET	S34	转移方向	
		STL	S34	激活 S34 状态	S34 状态的驱动处理
		LDI	X005	驱动负载	
		OUT	Y003		

表 5-13　电路组成及元件功能

序号	电路组成		元件功能	备注
1	QF		电源开关	
2	FU3		用作变压器短路保护	
3	TC		给 PLC 及 PLC 输出设备提供电源	
4	FU1		用作电动机 M1 的电源短路保护	
5	KM1 主触头		控制电动机 M1 的正转	
6	KM2 主触头		控制电动机 M1 的反转	
7	FR1		用作电动机 M1 的过载保护	
8	M1		升降电动机	
9	FU2		用作电动机 M2 的电源短路保护	
10	KM3 主触头		控制电动机 M2 的正转	
11	KM4 主触头		控制电动机 M2 的反转	
12	FR2		电动机 M2 的过载保护	
13	M2		水平移动电动机	
14	PLC 输入电路	FU4	用作 PLC 电源电路短路保护	
15		SB	启动按钮	
16		SQ1	上限位	
17		SQ2	下限位	
18		SQ3	左限位	
19		SQ4	小球限位	
20		SQ5	大球限位	
21	PLC 输出电路	FU5	用作 PLC 输出电路短路保护	
22		KM1 线圈	控制 KM1 的吸合与释放	
23		KM2 线圈	控制 KM2 的吸合与释放	
24		KM3 线圈	控制 KM3 的吸合与释放	
25		KM4 线圈	控制 KM4 的吸合与释放	
26		YA	吸球	
27		KM1 常闭触点	M1 正反转联锁保护	
28		KM2 常闭触点	M1 正反转联锁保护	

序号	电路组成	元件功能	备注
29	KM3 常闭触点	M2 正反转联锁保护	
30	KM4 常闭触点	M2 正反转联锁保护	
31	FU6	PLC 输出电路短路保护	
32	HL	原点显示	

6. 绘制接线图

根据如图 5 – 22 所示电路图绘制接线图，如图 5 – 23 所示。

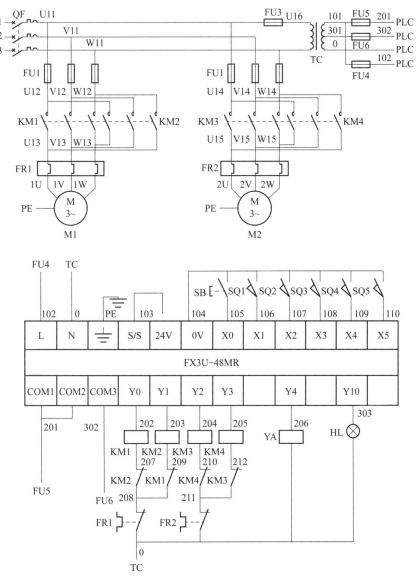

图 5 – 22　大、小球分类传送控制系统电路图

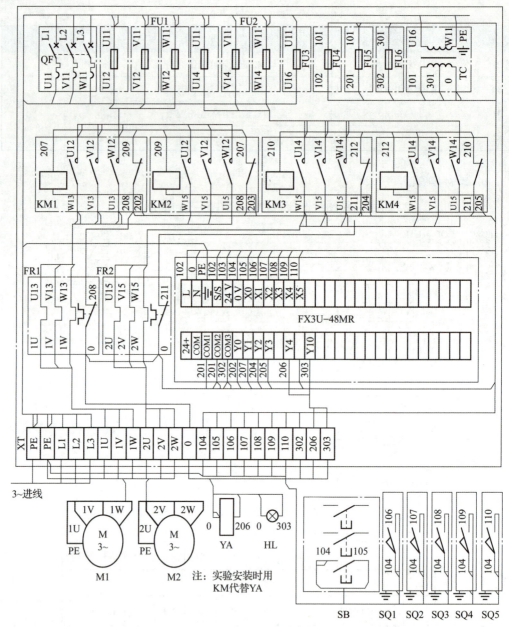

图 5－23　接线图

7. 安装电路

①检查元器件。检查元器件的规格是否符合要求，检测元器件的质量是否完好。

②按照绘制的接线图固定元器件。

③配线安装。根据配线原则及工艺要求，对照绘制的接线图进行配线安装。

a. 板上元器件的配线安装。

b. 外围设备的配线安装。

④自检。

a. 检查布线。对照接线图检查是否掉线、错线，是否漏编、错编，接线是否牢固等。

b. 使用万用表检测。按表 5 - 14，使用万用表检测安装的电路，如测量阻值与正确阻值不符，应根据线路图检查是否有错线、掉线、错位、短路等。

表 5 - 14　万用表检测安装的电路

序号	检测任务	操作方法		正确阻值	测量阻值	备注
1	检测主电路	合上 QF，断开 FU3 后分别测量 XT 的 L1 与 L2、L2 与 L3、L3 与 L1 之间的阻值	常态时，不动作任何元器件	均为无穷大		
2			压下 KM1	均为电动机 M1 两相定子绕组的阻值之和		
3			压下 KM2			
4			压下 KM3	均为电动机 M2 两相定子绕组的阻值之和		
5			压下 KM4			
6		接通 FU3，测量 XT 的 L1 和 L3 之间的阻值		TC 一次绕组的阻值		
7	检测 PLC 输入电路	测量 PLC 的电源输入端子 L 与 N 之间的阻值		约为 TC 二次绕组的阻值		220 V 二次绕组
8		测量电源输入端子 L 与公共端子 0 V 之间的阻值		∞		
9		常态时，测量所用输入点 X 与公共端子 0 V 之间的阻值		均为几千欧至几十千欧		
10		逐一动作输入设备，测量其对应的输入点 X 与公共端子 0 V 之间的阻值		均约为 0 Ω		
11	检测 PLC 输出电路	测量 Y0、Y1、Y2、Y3 与 COM1 之间的阻值		均为 TC 二次绕组与 KM 线圈的阻值之和		220 V 二次绕组
12		测量 Y4 与 COM2 之间的阻值		TC 二次绕组与 YA 的阻值之和		24 V 二次绕组
13		测量 Y10 与 COM3 之间的阻值		TC 二次绕组与 HL 的阻值之和		
14		检测完毕，断开 QF				

⑤通电观察 PLC 的指示灯。经自检，确认电路正确且无安全隐患后，在教师监护下，按表 5 - 15，通电观察 PLC 的指示灯并做好记录。

表5-15 观察记录表

步骤	操作内容	LED	正确结果	观察结果	备注
1	先插上电源插头，再合上断路器	POWER	点亮		已通电，注意安全
		所有 IN	均不亮		
2	RUN/STOP 开关拨至"RUN"位置	RUN	点亮		
3	RUN/STOP 开关拨至"STOP"位置	RUN	熄灭		
4	按下 SB	IN0	点亮		
5	动作 SQ1	IN1	点亮		
6	动作 SQ2	IN2	点亮		
7	动作 SQ3	IN3	点亮		
8	动作 SQ4	IN4	点亮		
9	动作 SQ5	IN5	点亮		
10	拉下断路器后，拔下电源插头	POWER	熄灭		已断电，做了吗?

（四）分析与思考

①严格遵守选择性分支的编程原则：先集中处理分支状态，后集中处理汇合状态。

②在进行汇合前所有状态的驱动处理时，不能遗漏某个分支的中间状态。

③FX3U 系列 PLC 的状态元件 S 具有掉电保持功能，为了保证正常调试程序，可在程序的开始增编复位程序。

四、任务考核

任务考核见表5-16。

表5-16 任务考核表

考核项目	考核要求	配分	评分标准	扣分	得分	备注
系统安装	1. 会安装元器件； 2. 按图完整、正确及规范接线； 3. 按照要求编号	20	1. 元器件松动每处扣2分，损坏一处扣4分； 2. 错、漏线、每处扣2分； 3. 反圈、压皮、松动每处扣2分； 4. 错、漏编号每处扣1分			
编程操作	1. 正确绘制状态转移图； 2. 会建立程序新文件； 3. 正确输入指令表； 4. 正确保存文件； 5. 会传送程序	40	1. 绘制状态转移图错误扣5分； 2. 不能建立程序新文件或建立错误扣4分； 3. 输入指令表错误一处扣2分； 4. 保存文件错误扣4分； 5. 传送程序错误扣4分			

考核项目	考核要求	配分	评分标准	扣分	得分	备注
运行操作	1. 操作运行系统，分析操作结果； 2. 会监控梯形图	20	1. 系统通电操作错误一步扣3分； 2. 分析操作结果错误一处扣2分； 3. 监控梯形图错误一处扣2分			
安全生产	自觉遵守安全文明生产规程	10	1. 每违反一项规定扣3分； 2. 发生安全事故按0分处理； 3. 漏接接地线一处扣5分			
时间	4 h	10	提前正确完成，每5 min加2分 超过规定时间，每5 min扣2分			
开始时间		结束时间		实际用时		

五、知识拓展

用辅助继电器设计选择性分支的顺序控制程序与单流程的编程方法相似，选择性分支的顺序功能图如图5-24所示。图中M1与X001动合触点串联的结果为向第一分支转移的条件，M1与X011动合触点串联的结果为向第二分支转移的条件。M3与X003动合触点串联的结果为第一分支向汇合状态转移的条件，M3与X013动合触点串联的结果为第二分支向汇合状态转移的条件，转换后的梯形图如图5-25所示。

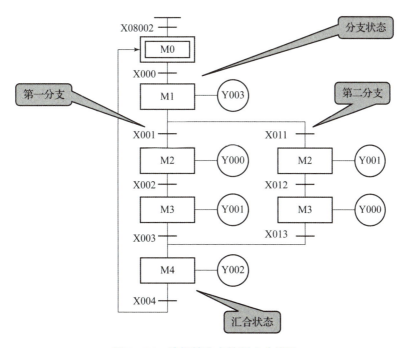

图5-24　选择性分支的顺序功能图

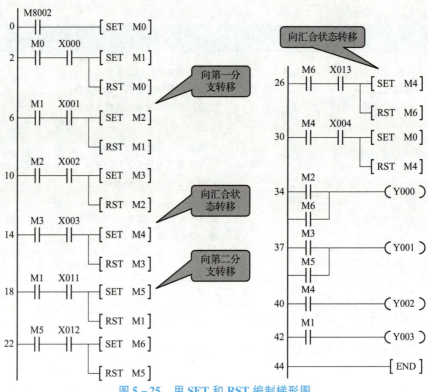

图 5-25 用 SET 和 RST 编制梯形图

六、总结任务

本任务介绍了选择序列分支和汇合的编程方法，然后以大小球分拣控制为例，分析了步进梯形指令在选择序列编程中的具体应用。识读选择性分支状态转移图，学会选择性分支的状态编程方法；独立完成大小球分类传送控制系统的安装、调试与监控。

一、任务导入

在繁华的都市，为了使交通顺畅，交通信号灯起到非常重要的作用。常见的交通信号灯有主干道路上十字路口交通信号灯，以及为保障行人横穿车道的安全和道路的通畅而设置的人行横道交通信号指示灯。交通信号灯是我们在日常生活中常见的一种无人控制信号灯，它们的正常运行直接关系着交通的安全状况。

本任务通过交通信号灯的 PLC 控制，进一步学习顺序控制并行序列步进指令的编程方法。

二、相关知识

1. 并行分支结构

并行分支结构是指同时处理多个程序流程，如图 5-26 所示。图 5-26 中当 S21 步被激活成为活动步后，若转换条件 X001 成立就同时执行左右两分支程序。

S26 为汇合状态，由 S23、S25 两个状态共同驱动，当两个状态都成为活动步且转换条件 X004 成立时，汇合转换成 S26 步。

2. 并行性分支、汇合的编程

并行性分支、汇合的编程原则是先集中处理分支转移情况，然后依顺序进行各分支程序处理，最后集中处理汇合状态，如图 5-27 所示的步进梯形图。根据步进梯形图可以写出指令表程序。

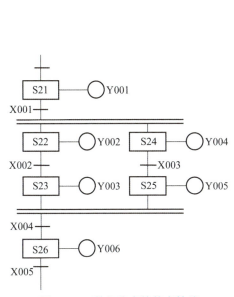

图 5-26　并行分支的状态转移

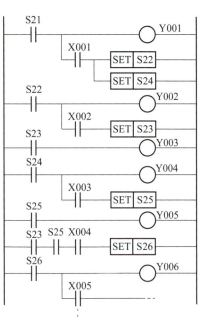

图 5-27　并行分支的步进梯形图程序

3. 并行性分支结构编程的注意事项

①并行性分支结构最多能实现 8 个分支汇合。

②在并行性分支、汇合处不允许有如图 5-28（a）所示的转移条件，而必须将其转化为如图 5-28（b）所示的结构后再进行编程。

三、任务实施

（一）训练目标

①根据控制要求绘制并行序列顺序功能图，并用步进指令转换成梯形图和指令表。

②初步学会并行序列顺序控制步进指令设计方法。

③学会 FX3U 系列 PLC 的外部接线方法。

④熟练使用三菱 GX Developer 编程软件进行步进指令程序输入，并写入 PLC 进行调试运行，查看运行结果。

1. 项目任务

本项目任务是安装与调试人行横道与车道灯 PLC 控制系统。系统控制要求如下：

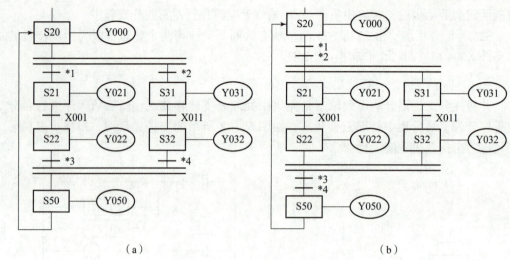

图 5 – 28　并行分支、汇合处的编程
(a) 不正确；(b) 正确

无人过马路时，车道常开绿灯，人行横道开红灯。若有人过马路，按下 SB1 或 SB2，交通灯的变化如图 5 – 29 所示。

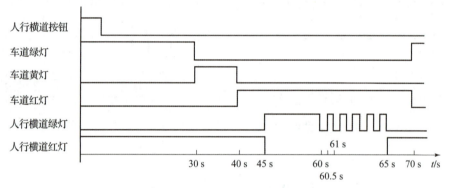

图 5 – 29　人行横道和车道控制时序图

2. 任务流程图

本项目的任务流程如图 5 – 30 所示。

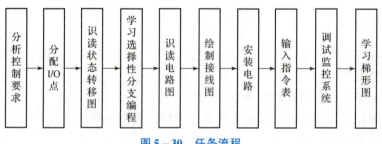

图 5 – 30　任务流程

(二) 设备与器材

学习所需工具、设备见表 5 – 17。

表 5-17　工具、设备清单

序号	分类	名称	型号规格	数量	单位	备注
1	工具	常用电工工具		—	套	
2		万用表	MF47	—	只	
3	设备	PLC	FX3U-48MR	—	台	
4		小型两极断路器	DZ47-63	1	个	
5		控制变压器	BK100，380 V/220 V、24 V	1	个	
6		三相电源插头	16 A	1	个	
7		熔断器底座	RT18-32	3	个	
8		熔管	2 A	3	只	
9		按钮	LA38/203	—	个	
10		指示灯	24 V	6	个	
11		端子板	TB-1512L	2	个	
12		安装铁板	600 mm×700 mm	1	块	
13		导轨	35 mm	0.5	m	
14		走线槽	TC3025	若干	m	
15	消耗材料	铜导线	BVR-1.5 mm²	2	m	双色
16			BVR-1.0 mm²	5	m	
17		紧固件	M4×20 mm 螺钉	若干	只	
18			M4 螺母	若干	只	
19			φ4 mm 垫圈	若干	只	
20		编码管	φ1.5 mm	若干	m	
21		编码笔	小号	1	支	

（三）内容与步骤

1. 确定输出设备

由时序图可知，系统的输出设备有 5 只交通灯，PLC 需用 5 个输出点分别驱动控制它们。

2. I/O 点分配

根据确定的输入/输出设备及输入/输出点数分配 I/O 点，见表 5-18。

表 5-18　输入/输出设备及 I/O 点分配表

输入			输出		
元件代号	功能	输入点	元件代号	功能	输出点
SB1	启动	X0	HL1	车道绿灯	Y0

续表

输入			输出		
元件代号	功能	输入点	元件代号	功能	输出点
SB2	启动	X1	HL2	车道黄灯	Y1
			HL3	车道红灯	Y2
			HL4	人行横道绿灯	Y3
			HL5	人行横道红灯	Y4

3. 系统状态转移图

根据工作流程图与状态转移图的转换方法，将图 5–31 转换成状态转移图，如图 5–32 所示。

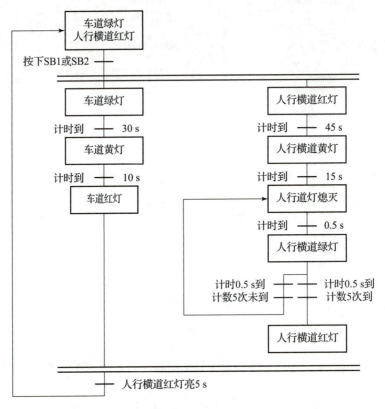

图 5–31　人行横道与车道灯控制系统工作流程

4. 并行分支的状态编程

（1）并行分支状态转移图的特点

图 5–32 所示为并行分支状态转移图，它具有以下三个特点：

①状态转移图有两个或两个以上分支。分支 A 为车道指示灯工作流程，分支 B 为人行横道指示灯工作流程。

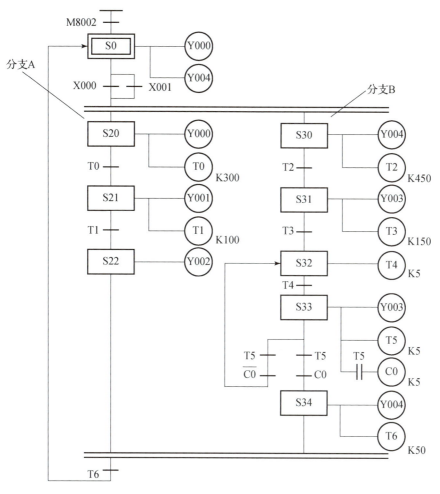

图 5 – 32 并行分支状态转移图

②S0 为分支状态。S0 状态是分支流程的起点，称为分支状态。在分支状态 S0 下，共用的转移条件 X000 成立时，同时向两个分支流程转移。如图 5 – 32 所示，X000 或 X001 为 ON 时，同时执行分支 A 和分支 B。

③S0 为汇合状态。如图 5 – 32 所示，S0 状态也是分支流程的汇合点，又称为汇合状态。

S0 汇合状态必须在分支流程全部执行完毕后，当转移条件成立时才被激活。分支流程全部执行结束，即 S22 状态和 S34 状态都被激活，当 T6 为 ON 时，S0 开启。若其中某一分支没有执行完毕，即使转移条件成立，也不能向汇合状态转移。

（2）并行分支状态转移图的编程原则

先集中处理分支状态，再集中处理汇合状态。如图 5 – 33 所示，先进行分支状态 S0 的编程，再进行汇合状态 S0 的编程。

①S0 分支状态的编程。分支状态的编程方法：先进行分支状态的驱动处理，再依次转移。以图 5 – 33 为例，运用此方法，编写分支状态 S0 的程序。

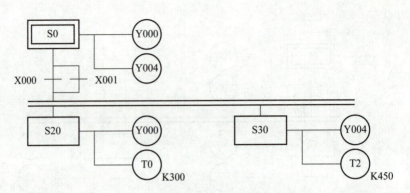

图 5 - 33   分支状态 S0 状态转移图

②S0 汇合状态的编程。汇合状态的编程方法：先依次进行汇合前的所有状态的驱动处理，再依次向汇合状态转移。以图 5 - 34 为例，运用此方法，编写汇合状态 S0 的程序。

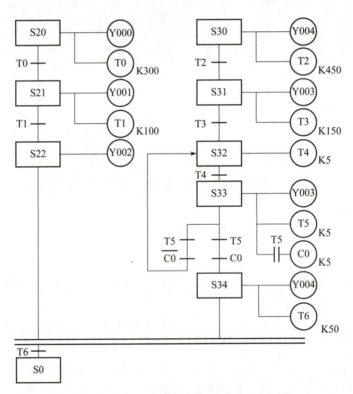

图 5 - 34   汇合状态 S0 状态转移图

5. 系统电路图

图 5 - 35 所示为人行横道与车道灯控制系统电路图，其电路组成及元件功能见表 5 - 19。

6. 绘制接线图

根据图 5 - 35 所示电路绘制接线图，参考接线图如图 5 - 36 所示。

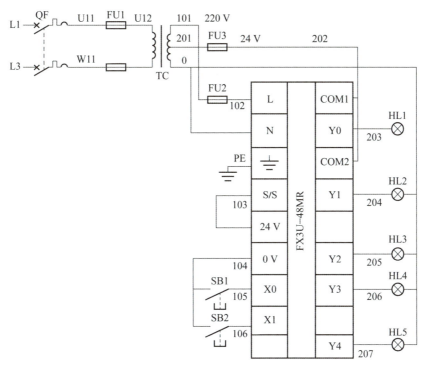

图 5-35　人行横道与车道灯控制系统电路图

表 5-19　电路组成及元件功能

序号	电路名称	电路组成	元件功能	备注
1	电源电路	QF	电源开关	
2		FU1	用作变压器短路保护	
3		TC	给 PLC 及 PLC 输出设备提供电源	
4		FU2	用作 PLC 输出电路短路保护	
5	控制电路	PLC 输入电路	FU2	用作 PLC 电源电路短路保护	
6			SB1	启动	
7			SB2	启动	
8		PLC 输出电路	FU3	用作 PLC 输出电路短路保护	
9			HL1	车道绿灯	
10			HL2	车道黄灯	
11			HL3	车道红灯	
12			HLA	人行横道绿灯	
13			HL5	人行横道黄灯	

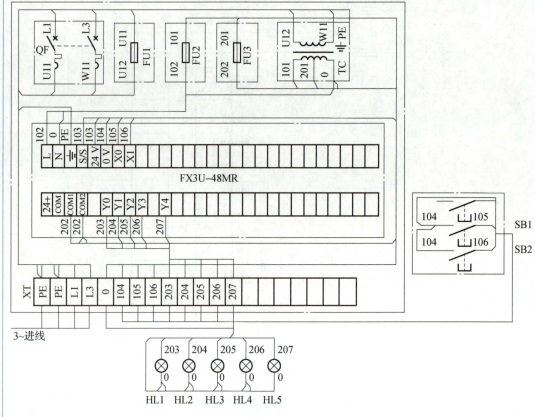

图 5 - 36　人行横道与车道灯控制系统参考接线图

7. 安装电路

①检查元器件。根据要求配齐元器件，检查元器件的规格是否符合要求，检测元器件的质量是否完好。

②按照绘制的接线图固定元器件。

③配线安装。根据配线原则及工艺要求，对照绘制的接线图进行配线安装。

a. 板上元器件的配线安装。

b. 外围设备的配线安装。

④自检。

a. 检查布线。对照接线图检查是否掉线、错线，是否漏编、错编，接线是否牢固等。

b. 使用万用表检测。检测过程见表 5 - 20，检测过程使用万用表检测安装的电路，如测量阻值与正确阻值不符，人行横道与车道灯控制系统安装不符，应根据接线图检查是否有错线、掉线、错位、短路等。

⑤通电观察 PLC 的指示灯。经自检，确认电路正确和无安全隐患后，在教师监护下，按照表 5 - 21，通电观察 PLC 的指示灯并做好记录。

表 5 – 20　万用表的检测过程

	序号	检测任务	操作方法	正确阻值	测量阻值备注
1	检测电源电路	合上 QF 后测量 XT 的 L1 和 L3 之间的阻值	TC 一次绕组的阻值		
2		测量 PLC 的电源输入端子 L 与 N 之间的阻值	约为 TC 二次绕组的阻值		220 V 二次绕组
3		测量电源输入端子 L 与公共端子 0 V 之间的阻值	无穷大		
4	检测输入电路	常态时，测量所用输入点 X 与公共端子 0 V 之间的阻值	均为几千欧至几十千欧		
5		逐一动作输入设备测量其对应的输入点 X 与公共端子 0 V 之间的阻值	均约为 0 Ω		
6	检测 PLC 电路	测量输出点 Y0、Y1、Y2、Y3 与公共端子 COM1 之间的阻值	均为 TC 二次绕组与 HL 的阻值之和		24 V 二次绕组
7		测量输出点 Y4 与 COM2 之间的阻值			
8	检测完毕，断开 QF				

表 5 – 21　指示灯工作情况记录表

步骤	操作内容	LED	正确结果	观察结果	备注
1	先插上电源插头，再合上断路器	POWER	点亮		已通电，注意安全
		所有 IN	均不亮		
2	RUN/STOP 开关拨至"RUN"位置	RUN	点亮		
3	RUN/STOP 开关拨至"STOP"位置	RUN	熄灭		
4	按下 SB1	IN0	点亮		
5	按下 SB2	IN1	点亮		
6	拉下断路器后，拔下电源插头	POWER	熄灭		已断电，做了吗？

（四）分析与思考

①如果十字路口交通信号灯控制用基本指令编程，梯形图如何设计？

②如果十字路口交通信号灯控制用单序列步进指令编程，程序如何设计？

四、任务考核

任务考核见表5-22。

表5-22 任务考核表

考核项目	考核要求	配分	评分标准	扣分	得分	备注
系统安装	1. 会安装元器件； 2. 按图完整、正确及规范接线； 3. 按照要求编号	30	1. 元器件松动每处扣2分，损坏一处扣4分； 2. 错、漏线每处扣2分； 3. 反圈、压皮、松动每处扣2分； 4. 错、漏编号每处扣1分			
编程操作	1. 正确绘制状态转移图； 2. 会建立程序新文件； 3. 正确输入指令表； 4. 正确保存文件； 5. 会传送程序	30	1. 绘制状态转移图错误扣5分； 2. 不能建立程序新文件或建立错误扣4分； 3. 输入指令表错误一处扣2分； 4. 保存文件错误扣4分； 5. 传送程序错误扣4分			
运行操作	1. 操作运行系统，分析操作结果； 2. 会监控梯形图	20	1. 系统通电操作错误一步扣3分； 2. 分析操作结果错误一处扣2分； 3. 监控梯形图错误一处扣2分			
安全生产	自觉遵守安全文明生产规程	10	1. 每违反一项规定扣3分； 2. 发生安全事故按0分处理； 3. 漏接接地线一处扣5分			
时间	3 h	10	提前正确完成，每5 min加2分； 超过规定时间，每5 min扣2分			
开始时间		结束时间		实际时间		

五、知识拓展——用辅助继电器设计并行分支的顺序控制程序

与单流程的编程方法相似，并行分支的顺序功能图如图5-37所示。图中M0与X000动合触点串联的结果为向各分支流程转移的条件。M2、M5与X002动合触点串联的结果为分支流程向汇合状态转移的条件，转换后的梯形图如图5-38所示。

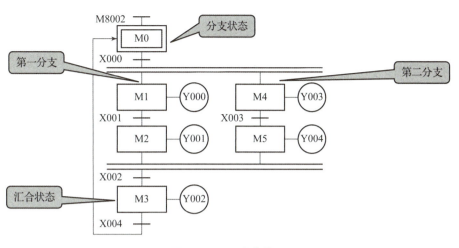

图 5-37　顺序功能图

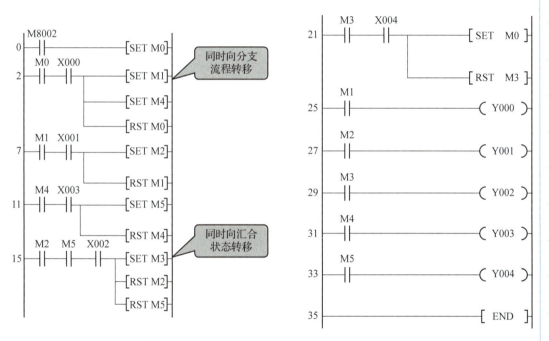

图 5-38　用置位复位指令编制的并行分支梯形图

六、总结任务

　　该任务以十字路口交通信号灯为载体，介绍了并行序列分支和汇合的编程方法，然后以按钮人行横道交通信号灯为例，分析了步进指令在并行序列编程中的具体应用。在此基础上进行十字路口交通信号灯控制的程序编制、程序输入和调试运行。至此，我们对顺序控制 STL 指令编程方式应该有了一定的掌握，希望同学们课后加强复习，把所学的知识进一步消化吸收，加强技能训练，以便今后更好地灵活运用。

知识点归纳与总结

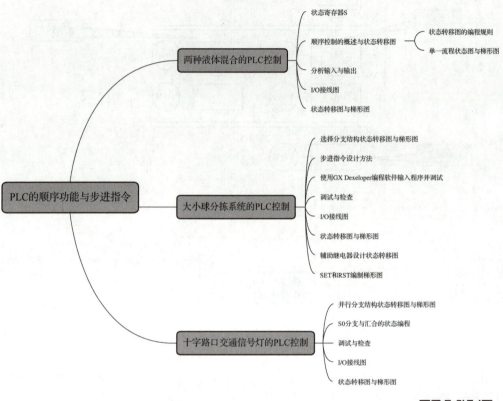

- PLC的顺序功能与步进指令
  - 两种液体混合的PLC控制
    - 状态寄存器S
    - 顺序控制的概述与状态转移图
      - 状态转移图的编程规则
      - 单一流程状态图与梯形图
    - 分析输入与输出
    - I/O接线图
    - 状态转移图与梯形图
  - 大小球分拣系统的PLC控制
    - 选择分支结构状态转移图与梯形图
    - 步进指令设计方法
    - 使用GX Dexeloper编程软件输入程序并调试
    - 调试与检查
    - I/O接线图
    - 状态转移图与梯形图
    - 辅助继电器设计状态转移图
    - SET和RST编制梯形图
  - 十字路口交通信号灯的PLC控制
    - 并行分支结构状态转移图与梯形图
    - S0分支与汇合的状态编程
    - 调试与检查
    - I/O接线图
    - 状态转移图与梯形图

项目五 思考题与习题

思考题与习题

一、选择题

1. PLC 设计规范中，RS232 通信的距离是多少？（　　）

A. 1 300 m　　　　　B. 200 m　　　　　C. 30 m　　　　　D. 15 m

2. PLC 的 RS485 专用通信模块的通信距离是多少？（　　）

A. 1 300 m　　　　　B. 200 m　　　　　C. 500 m　　　　　D. 15 m

3. 工业中控制电压一般是多少？（　　）

A. 24 V　　　　　　B. 36 V　　　　　　C. 110 V　　　　　D. 220 V

4. 工业中控制电压一般是直流还是交流？（　　）

A. 交流　　　　　　B. 直流　　　　　　C. 混合式　　　　　D. 交变电压

5. 电磁兼容性英文缩写为（　　）。

A. MAC　　　　　　B. EMC　　　　　　C. CME　　　　　　D. AMC

6. 在 PLC 自控系统中，对于温度控制，可用什么扩展模块？（　　）

A. FX3U – 4AD　　　　　　　　　　B. FX3U – 4DA

C. FX3U – 4AD – TC　　　　　　　　D. FX0N – 3A

7. 三菱 FX 系列 PLC 普通输入点，输入响应时间大约是多少？（　　）

A. 100 ms　　　　　B. 10 ms　　　　　C. 15 ms　　　　　D. 30 ms

8. 下列哪些器件可作为 PLC 控制系统的输出执行部件？（　　）

A. 按钮　　　　　　　　　　　　B. 行程开关

C. 接近开关　　　　　　　　　　D. 交流接触器

9. PLC 是在什么控制系统基础上发展起来的？（　　）

A. 电控制系统　　　B. 单片机　　　C. 工业电脑　　　D. 机器人

10. FX3U 系列最多能扩展到多少个点？（　　）

A. 30　　　　　　　B. 128　　　　　C. 256　　　　　D. 1 000

二、设计题

1. 设计交通红绿灯 PLC 控制系统控制要求：

（1）东西向：绿 5 s，绿闪 3 次，黄 2 s；红 10 s；

（2）南北向：红 10 s，绿 5 s，绿闪 3 次，黄 2 s。

2. 设计彩灯顺序控制系统控制要求：

（1）A 亮 1 s，灭 1 s；B 亮 1 s，灭 1 s；

（2）C 亮 1 s，灭 1 s；D 亮 1 s，灭 1 s；

（3）A、B、C、D 亮 1 s，灭 1 s；

（4）循环 3 次。

3. 设计电动机正反转控制系统控制要求：正转 3 s，停 2 s，反转 3 s，停 2 s，循环 3 次。

4. 用 PLC 对自动售汽水机进行控制，工作要求：

（1）此售货机可投入 1 元、2 元硬币，投币口为 LS1、LS2；

（2）当投入的硬币总值大于等于 6 元时，汽水指示灯 L1 亮，此时按下汽水按钮 SB，则汽水口 L2 出汽水 12 s 后自动停止；

（3）不找钱，不结余，下一位投币又重新开始。

请：（1）设计 I/O 口，画出 PLC 的 I/O 口硬件连接图并进行连接；

（2）画出状态转移图或梯形图。

5. 设计电镀生产线 PLC 控制系统控制要求：

（1）SQ1～SQ4 为行车进退限位开关，SQ5～SQ6 为上下限位开关；

（2）工件提升至 SQ5 停，行车进至 SQ1 停，放下工件至 SQ6，电镀 10 s，工件升至 SQ5 停，滴液 5 s，行车退至 SQ2 停，放下工件至 SQ6，定时 6 s，工件升至 SQ5 停，滴液 5 s，行车退至 SQ3 停，放下工件至 SQ6，定时 6 s，工件升至 SQ5 停，滴液 5 s，行车退至 SQ4 停，放下工件至 SQ6；

（3）完成一次循环。

项目六 FX3U 系列 PLC 常用功能指令的应用

学习目标	知识目标	1. 熟悉功能指令的基本格式； 2. 掌握 FX3U 系列 PLC 位元件和字元件的使用； 3. 掌握常用的功能指令的功能及编程应用
	技能目标	1. 能分析较复杂的 PLC 控制系统； 2. 能使用常用功能指令编制较简单的控制程序； 3. 能使用 GX Developer 编程软件进行梯形图程序的输入； 4. 能进行程序的离线和在线调试
	素质目标	1. 将社会主义核心价值观、优秀的传统文化以及中国特色社会主义理想信念等贯穿到课程教学中，形成三位一体的教育课程体系； 2. 提升学生的政治意识、爱国情怀和民族自豪感

任务一 流水灯的PLC控制

大国工匠

一、任务导入

在日常生活中，经常看到广告牌上的各种彩灯在夜晚时灭时亮、有序变化，形成一种绚烂多姿的效果。

本任务将以 8 盏小灯组成循环点亮的流水灯为例，来分析如何通过 PLC 实现其控制。为此，首先来学习功能指令的基本知识及应用。

二、相关知识

（一）功能指令的表达形式

FX3U 系列 PLC 的功能指令（又称为应用指令），主要由助记符和操作数两部分组成，功能指令的表示形式与基本指令不同，一条基本逻辑指令只能完成一个特定操作，而一条功能指令却能完成一系列操作，相当于执行一个子程序，所以功能指令的功能强大，编程更简练，能用于运动控制、模拟量控制等场合。基本指令和梯形图符号之间是相互对应的。而功能指令采用梯形图和助记符相结合的形式，意在表达本指令要做什么，但不含表达梯形图符号间相互关系的成分，而是直接表达本指令要做什么，也就是一个能够实现某一特定功能的子程序。

1. 功能指令的编号和助记符

功能指令的表达形式如图 6 - 1 所示。

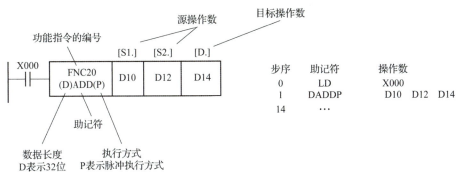

图 6 - 1　功能指令的表达形式

（1）功能指令的编号

FX3U 系列 PLC 功能指令的编号按 FNC0 ~ FNC295 来编制。

（2）助记符

功能指令的助记符（又称为操作码），表示指令的功能，如 ADD、MOV 等。

2. 数据长度及执行方式

（1）数据长度

功能指令可处理 16 位数据和 32 位数据，如图 6 - 2 所示。

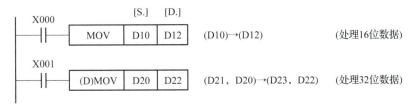

图 6 - 2　数据长度的表示方法

功能指令中用在助记符前面加（D）（Double）表示 32 位数据，如（D）MOV 处理 32 位数据时，用元件号相邻的两个 16 位字元件组成，首地址用奇数、偶数均可，但建议首地址统一采用偶数编号。

需要说明的是，32 位计数器 C200 ~ C255 的当前值寄存器不能用作 16 位数据的操作数，只能用作 32 位数据的操作数。

（2）执行方式

功能指令执行方式有连续执行方式和脉冲执行方式两种。

①连续执行方式：每个扫描周期都重复执行一次。

②脉冲执行方式：只在执行信号由 OFF→ON 时执行一次，在指令助记符后加（P）（Pulse）。

如图 6 - 3 所示，当 X000 为 ON 时，第一个逻辑行的指令在每个扫描周期都被重复执行一次。第二个逻辑行中当 X001 由 OFF 变为 ON 时才有效，当 PLC

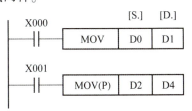

图 6 - 3　执行方式的表示方法

扫描到这一行时执行该传送指令。在不需要每个扫描周期都执行时，用脉冲执行方式可缩短程序处理时间。

对于上述两条指令，当 X000 和 X001 为 OFF 状态时，两条指令都不执行，目标操作数的内容保持不变，除非另行指定或其他指令使用使目标操作数的内容发生变化。

（D）和（P）可同时使用，如（D）MOV（P）表示 32 位数据的脉冲执行方式。另外，有些指令，如 XCH、INC、DEC、ALT 等，用连续执行方式时要特别留心。

3. 操作数

操作数指明参与操作的对象。操作数按功能分有源操作数、目标操作数和其他操作数；按组成形式分有位元件、位元件组合、字元件和常数。

①源操作数 S。执行指令后数据不变的操作数，若使用变址功能，表示为"［S.］"，当源操作数不止 1 个时，可用"［S1.］""［S2.］"等表示。

②目标操作数 D。执行指令后数据被刷新的操作数，若使用变址功能，表示为"［D.］"，当目标操作数不止 1 个时，可用"［D1.］""［D2.］"等表示。

③其他操作数 m、n。补充注释的常数，用 K（十进制）和 H（十六进制）表示，两个或两个以上时可用 m1、m2、n1、n2 等表示。

（二）功能指令的数据结构

1. 位元件和字元件

①位元件。只处理 ON 或 OFF 两种状态的元件称为位元件，如 X、Y、M、T、C、S 和 D□.b。

②字元件。处理数据的元件称为字元件。一个字元件由 16 位二进制数组成，如定时器 T 和计数器 C 的当前值寄存器、数据寄存器 D 等。字元件见表 6–1。

表 6–1　字元件一览表

符号	表示内容
K4X	4 组输入继电器组合的字元件，也称为输入位元件组合
K4Y	4 组输出继电器组合的字元件，也称为输出位元件组合
K4M	4 组辅助继电器组合的字元件，也称为辅助位元件组合
K4S	4 组状态继电器组合的字元件，也称为状态位元件组合
T	定时器当前值寄存器
C	计数器当前值寄存器
D	数据寄存器
R	扩展寄存器
V、Z	变址寄存器
U□\G□	缓冲寄存器 BFM 字

2. 位元件组合

位元件组合通过多个位元件的组合进行数值处理，是 FX3U 系列 PLC 通用的字元件。4 个连续位元件作为一个基本单元进行组合，称为位元件组合，代表 4 位 BCD 码，也表示 1 位十进制数，用 KnP 表示，K 为十进制常数的符号，n 为位元件组合的组数（n = 1 ~ 8），P 为位元件组合的起始编号位元件（首地址位元件），一般用 0 编号的元件。通常的表现形式为 KnX000、KnM0、KnS0、KnY000。

当一个 16 位数据传送到 K1M0、K2M0、K3M0 时，只传送相应的低位，高位数据溢出。

在处理一个 16 位操作数时，参与操作位元件组合由 K1 ~ K4 指定。若仅由 K1 ~ K3 指定，不足部分的高位作 0 处理，这意味着只能处理正数（符号位为 0）。

3. 扩展寄存器（R）和扩展文件寄存器（ER）

扩展寄存器 R 和扩展文件寄存器 ER 则是 FX3U 系列 PLC 特有的，R 是对数据寄存器（D）的扩展，通过电池进行停电保持。而扩展文件寄存器（ER）是在 PLC 系统中使用了扩展的存储器盒时才可以使用的软元件。使用存储器盒时，扩展寄存器（R）的内容也可以保存在扩展文件寄存器（ER）中，而不必用电池保护。

扩展寄存器也可以作为数据寄存器使用，处理各种数值数据，可以用功能指令进行操作，如 MOV、BIN 指令等，但如果用作文件寄存器，则必须使用专用指令（FNC290 ~ 295）进行操作。

4. 缓冲寄存器 BFM 字（U□\G□）

缓冲寄存器 BFM 字是缓冲寄存器的直接指定。FX3U 型 PLC 读取缓冲存储器可采用 FROM 和 TO 指令实现，还可以通过缓冲寄存器 BFM 字直接存取方式实现，其缓冲寄存器 BFM 字表达形式 U□\G□，其中 U□表示模块号，G□表示 BFM 通道号，如读取 0#模块 18#通道缓冲寄存器的值到 D0，可用指令"MOV U0\G18 D0"完成。

5. 变址寄存器（V、Z）

变址寄存器用于改变操作数的地址。其作用是存放改变地址的数据，FX3U 系列 PLC 变址寄存器由 V0 ~ V7、Z0 ~ Z7 共 16 点 16 位变址数据寄存器构成。变址寄存器的使用如图 6 - 4 所示。

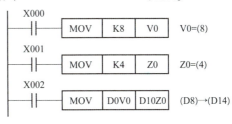

图 6 - 4   变址寄存器的使用

实际地址 = 当前地址 + 变址数据。

32 位运算时 V 和 Z 组合使用，V 为高 16 位，Z 为低 16 位，即（V0，Z0）、（V1，Z1）、…、（V7，Z7）。

通过修改变址寄存器的值，可以改变实际的操作数。变址寄存器也可以用来修改常数的值，例如，当 Z0 = 10 时，K30Z0 相当于常数 40。

（三）传送指令（MOV）

1. MOV 指令使用要素

MOV 指令的名称、编号、位数、助记符、功能和操作数等使用要素见表 6 - 2。

2. MOV 指令使用说明

①该指令将源操作数［S.］中的数据传送到目标操作数［D.］中去。

②MOV 指令可以进行 32 位数据长度和脉冲型的操作。

表 6 – 2　MOV 指令的使用要素

指令名称	指令编号位数	助记符	功能	操作数		程序步
				[S.]	[D.]	
传送	FNC12 (16/32)	MOV MOV（P）	将源操作数[S.]的数据送到指定的目标操作数[D.]中	K，H，KnX，KnY，KnM，KnS，T，C，D，R，U□\G□，V，Z	KnY，KnM，KnS，T，C，D，R，U□\G□，V，Z	5步（16位）9步（32位）

③如果［S.］为十进制常数，执行该指令时自动转换成二进制数后进行数据传送。
④当 X000 断开时，不执行 MOV 指令，数据保持不变。

3. MOV 指令的应用

MOV 指令的应用如图 6 – 5 所示。

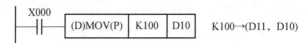

图 6 – 5　MOV 指令的应用

这是一条 32 位脉冲型传送指令，当 X000 由 OFF 变为 ON 时，该指令执行的功能是把 K100 送入（D11，D10）中，即（D11，D10）= K100，十进制常数 100 在执行过程中 PLC 会自动转换成二进制数写入（D11，D10）中。

（四）循环移位指令（ROR、ROL）

1. 循环移位指令（ROR、ROL）使用要素

循环移位指令（ROR、ROL）的名称、编号、位数、助记符、功能和操作数等使用要素见表 6 – 3。

表 6 – 3　循环移位指令使用要素

指令名称	指令编号、位数	助记符	功能	操作数		程序步
				[D.]	n	
循环右移	FNC30 16/32	ROR ROR（P）	使目标操作数的数据向右循环移 n 位	KnY，KnM，KnS，T，C，D，R，U□\G□，V，Z	K，H，D，R n≤16（32）	5步（16位）9步（32位）
循环左移	FNC31 16/32	ROL ROL（P）	使目标操作数的数据向左循环移 n 位			

2. 循环移位指令（ROR、ROL）使用说明

①对于连续执行方式，在每个扫描周期都会进行一次循环移位动作，因此，循环

移位指令在使用时，最好使用脉冲执行方式。

②当目标操作数采用位元件组合时，位元件的组数在 16 位指令中应为 K4，在 32 位指令时应为 K8，否则指令不能执行。

③循环右移和循环左移指令执行过程中，每次移出［D.］的低位（或高位）数据循环进入［D.］的高位（或低位）。最后移出［D.］的那一位数值同时存入进位标志位 M8022 中。

3. 循环移位指令（ROR、ROL）的应用

对于图 6 - 6（a），当 X000 由 OFF 变为 ON 时，各数据向右循环移 3 位，即从高位移向低位，从低位移出的数据再循环进入高位，最后从最低位移出的 1 存入 M8022 中。

对于图 6 - 6（b），当 X001 由 OFF 变为 ON 时，各数据向左循环移 3 位，即从低位移向高位，从高位移出的数据再循环进入低位，最后从最高位移出的 1 存入 M8022 中。

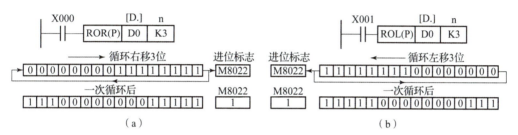

图 6 - 6　循环移位指令的应用
(a) 循环右移指令的应用；(b) 循环左移指令的应用

三、实施任务

（一）训练目标

①熟练掌握循环移位指令和传送指令在程序中的应用。

②会 FX3U 系列 PLC 的外部 I/O 接线。

③根据控制要求编写梯形图程序。

④熟练使用三菱 GX Developer 编程软件，编制梯形图程序并写入 PLC 进行调试运行，查看运行结果。

（二）设备与器材

本任务实施所需的设备与器材见表 6 - 4。

表 6 - 4　任务所需的设备与器材

序号	名称	符号	型号规格	数量	备注
1	常用电工工具		十字螺钉旋具、一字螺钉旋具、尖嘴钳、剥线钳等	1 套	表中所列设备、器材的型号规格仅供参考

序号	名称	符号	型号规格	数量	备注
2	计算机（安装 GX Developer 编程软件）			1 台	表中所列设备、器材的型号规格仅供参考
3	THPFSL－2 网络型可编程控制器综合实训装置			1 台	
4	流水灯模拟控制挂件			1 个	
5	连接导线			若干	

（三）内容与步骤

1. 任务要求

HL1～HL8 八组灯组成的流水灯，模拟控制面板如图 6－7 所示。按下启动按钮时，灯先以正序每隔 1 s 轮流点亮，HL8 亮后，停 5 s；然后以反序每隔 1 s 轮流点亮，当 HL1 再亮后，停 5 s，重复上述过程。当按下停止按钮时，停止工作。

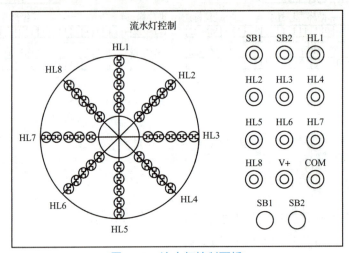

图 6－7　流水灯控制面板

2. I/O 地址分配与接线图

流水灯控制的 I/O 分配见表 6－5。

表 6－5　流水灯控制的 I/O 分配

输入			输出		
设备名称	符号	X 元件编号	设备名称	符号	Y 元件编号
启动按钮	SB1	X000	流水灯 1	HL1	Y000
停止按钮	SB2	X001	流水灯 2	HL2	Y001
			流水灯 3	HL3	Y002
			流水灯 4	HL4	Y003
			流水灯 5	HL5	Y004

输入			输出		
设备名称	符号	X 元件编号	设备名称	符号	Y 元件编号
			流水灯 6	HL6	Y005
			流水灯 7	HL7	Y006
			流水灯 8	HL8	Y007

流水灯控制 I/O 接线图如图 6-8 所示。

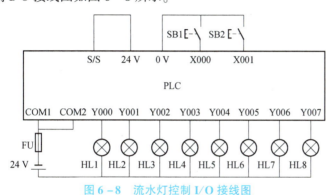

图 6-8 流水灯控制 I/O 接线图

3. 编制程序

根据控制要求编写梯形图程序，如图 6-9 所示。

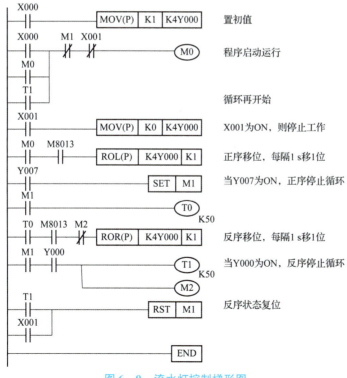

图 6-9 流水灯控制梯形图

4. 调试运行

利用编程软件将编写的梯形图程序写入 PLC，按照图 6-8 进行 PLC 输入、输出端接线，调试运行，观察运行结果。

（四）分析与思考

① 如果流水灯循环移位时间为 1.5 s，其梯形图程序应如何编制？
② 如果循环移位的时间仍为 1 s，要求用位移位指令，梯形图程序应如何编制？

四、考核任务

任务实施考核表见表 6-6。

表 6-6 任务实施考核表

序号	考核内容	考核要求	评分标准	配分	得分
1	电路及程序设计	1. 能正确分配 I/O，并绘制 I/O 接线图； 2. 根据控制要求，正确编制梯形图程序	1. I/O 分配错或少，每个扣 5 分； 2. I/O 接线图设计不全或有错，每处扣 5 分； 3. 梯形图表达不正确或画法不规范，每处扣 5 分	40 分	
2	安装与连线	能根据 I/O 地址分配，正确连接电路	1. 连线错一处，扣 5 分； 2. 损坏元器件，每只扣 5～10 分； 3. 损坏连接线，每根扣 5～10 分	20 分	
3	调试与运行	能熟练使用编程软件编制程序写入 PLC，并按要求调试运行	1. 不会熟练使用编程软件进行梯形图的编辑、修改、转换、写入及监视，每项扣 2 分； 2. 不能按照控制要求完成相应的功能，每缺一项扣 5 分	20 分	
4	安全操作	确保人身和设备安全	违反安全文明操作规程，扣 10～20 分	20 分	
5	合计				

五、拓展知识

（一）位移位指令（SFTR、SFTL）

1. 位移位指令（SFTR、SFTL）使用要素

位移位指令（SFTR、SFTL）的名称、编号、位数、助记符、功能和操作数等使用要素见表 6-7。

2. 位移位指令（SFTR、SFTL）使用说明

① 位移位指令（SFTR、SFTL）的源操作数、目标操作数都是位元件，n1 指定目标操作数的长度，n2 指定源操作数的长度，也是移位的位数。
② 位移位指令目标操作数的位元件不能为输入继电器（X 元件）。
③ 移位数据的位数据长度和右（左）移的位点数 $n2 \leqslant nl \leqslant 1\ 024$。

表 6-7　位移位指令使用要素

指令名称	指令编号位数	助记符	功能	操作数				程序步
				[S.]	[D.]	nl	n2	
位右移	FNC34 (16)	SFTR SFTR（P）	将以 [D.] 为首地址的 nl 位位元件的状态向右移 n2 位，其高位由 [S.] 为首地址的 n2 位元件的状态移入	X，Y，M，S，D□.b	Y，M，S	K，H	K，H，D，R	9 步
位左移	FNC35 (16)	SFTL SFTL（P）	将以 [D.] 为首地址的 nl 位位元件的状态向左移 n2 位，其低位由 [S.] 为首地址的 n2 位位元件的状态移入					

3. 位移位指令（SFTR、SFTL）的应用

位右移指令（SFTR）和位左移指令（SFTL）的应用如图 6-10 所示。

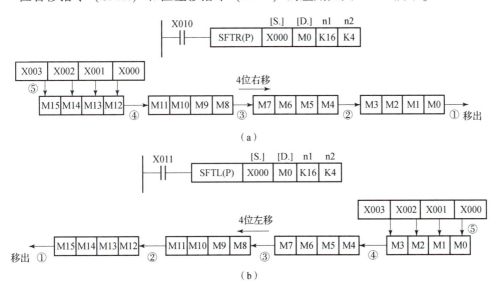

图 6-10　位移位指令的应用
(a) 位右移指令的应用；(b) 位左移指令的应用

在图 6-10 (a) 中，当 X010 由 OFF→ON 时，位右移指令（4 位 1 组）按以下顺序移位：X003 ~ X000→M15 ~ M12，M15 ~ M12→M11 ~ M8，M11 ~ M8→M7 ~ M4，M7 ~ M4→M3 ~ M0，M3 ~ M0 移出，即从高位移入，低位移出。

在图 6-10 (b) 中，当 X011 由 OFF→ON 时，位左移指令（4 位 1 组）按以下顺序移位：X003 ~ X000→M3 ~ M0，M3 ~ M0→M7 ~ M4，M7 ~ M4→M11 ~ M8，M11 ~ M8→M15 ~ M12，M15 ~ M12 移出，即从低位移入，高位移出。

（二）位移位指令的应用——天塔之光模拟控制

1. 控制要求

天塔之光模拟控制面板如图 6-11 所示。合上启动开关 S 后，系统会每隔 1 s 按以

下规律显示：HL1→HL1、HL2→HL1、HL3→HL1、HL4→HL1、HL2→HL1、HL2、HL3、HL4→HL1、HL8→HL1、HL7→HL1、HL6→HL1、HL5→HL1、HL8→HL1、HL5、HL6、HL7、HL8→HL1→HL1、HL2、HL3、HL4→HL1、HL2、HL3、HL4、HL5、HL6、HL7、HL8→HL1……如此循环，周而复始。断开启动开关系统立即停止。

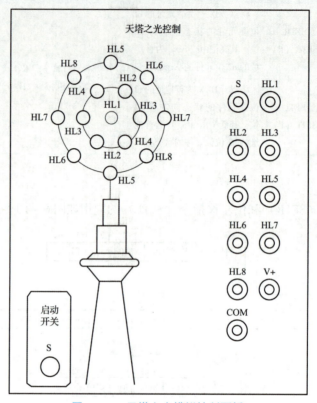

图6-11　天塔之光模拟控制面板

2. I/O 地址分配

天塔之光控制 I/O 地址分配见表6-8。

表6-8　天塔之光控制 I/O 地址分配

输入			输出		
设备名称	符号	X 元件编号	设备名称	符号	Y 元件编号
启动开关	S	X000	灯1	HL1	Y000
			灯2	HL2	Y001
			灯3	HL3	Y002
			灯4	HL4	Y003
			灯5	HL5	Y004
			灯6	HL6	Y005
			灯7	HL7	Y006
			灯8	HL8	Y007

3. 编制程序

根据控制要求编写梯形图，如图 6 - 12 所示。

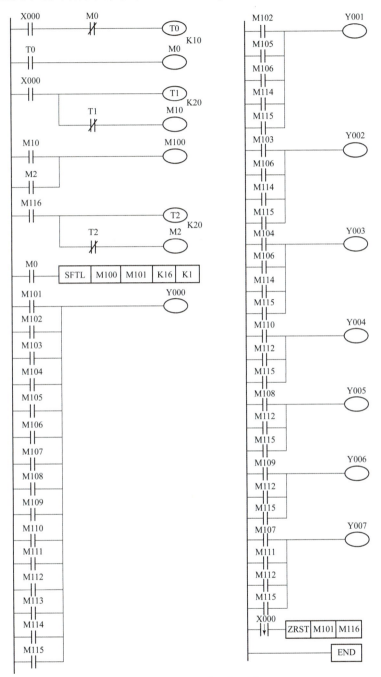

图 6 - 12 天塔之光模拟控制梯形图

4. 调试运行

利用编程软件将编写的梯形图程序写入 PLC，按照表 6 - 8 的 I/O 分配进行 PLC 输入、输出端接线，调试运行，观察运行结果。

六、总结任务

本任务介绍了功能指令的基本知识以及传送指令、循环移位的功能及应用。然后以流水灯的 PLC 控制为载体，围绕其程序设计分析、程序写入、输入/输出连线、调试及运行开展任务实施，针对性很强，目标明确。最后拓展了位右移和位左移指令的功能，并举例说明其具体应用。

任务二　8站小车随机呼叫的PLC控制

一、任务导入

在工业生产自动化程度较高的生产自动线上，经常会遇到一台送料车在生产线上根据各工位请求，前往相应的呼叫点进行装卸料的情况。

本任务以 8 站装料小车随机呼叫为例，围绕控制系统的实现来介绍相关的功能指令及设计方法。

二、知识链接

（一）比较指令（CMP）

1. 比较指令（CMP）使用要素

比较指令（CMP）的名称、编号、位数、助记符、功能和操作数等使用要素见表 6-9。

表 6-9　比较指令使用要素

指令名称	指令编号位数	助记符	功能	操作数			程序步
				[S1.]	[S2.]	[D.]	
比较	FNC10 (16/32)	CMP CMP（P）	将源操作数 [S1.]、[S2.] 的数据进行比较，结果送到目标操作数 [D.] 中	K、H、KnX、KnY、KnM、KnS、T、C、D、R、U □＼G □、V、Z		Y、M、S、D □ b	7 步（16 位）13 步（32 位）

2. 比较指令使用说明

①该指令是将源操作数 [S1.] 和 [S2.] 中的二进制代数值进行比较，结果送到目标操作数 [D.]~[D.+2] 中去。

②[D.] 由三个元件组成，[D.] 中给出的首地址元件，其他两个为后面的相邻元件。

③当执行条件由 ON→OFF 时，CMP 指令将不执行，但 [D.] 中元件的状态保持不变，如果去除比较结果，需要用复位指令 RST 才能清除。

④该指令可以进行 16/32 位数据处理和连续/脉冲执行方式。

⑤如果指令中指定的操作数不全、元件超出范围、软元件地址不对，程序出错。

3. 比较指令的应用

比较指令的应用如图 6 – 13 所示。

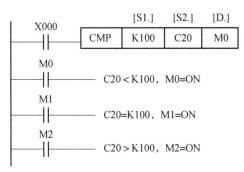

图 6 – 13 比较指令的应用

图 6 – 13 所示的是 16 位连续型比较指令，当 X000 为 ON 时，每一扫描周期均执行一次比较，当计数器 C20 的当前值小于十进制常数 100 时，M0 闭合；当计数器 C20 的当前值等于十进制常数 100 时，M1 闭合；当计数器 C20 的当前值大于十进制常数 100 时，M2 闭合。当 X000 为 OFF 时，不执行 CMP 指令，但 M0、M1、M2 的状态保持不变。

（二）区间比较指令（ZCP）

1. 区间比较指令使用要素

ZCP 指令的名称、编号、位数、助记符、功能和操作数等使用要素见表 6 – 10。

表 6 – 10 区间比较指令使用要素

指令名称	指令编号、位数	助记符	功能	操作数		程序步
				［S1.］［S2.］［S.］	［D.］	
区间比较	FNC11 (16/32)	ZCP ZCP（P）	将一个源操作数［S.］与两个源操作数［S1.］和［S2.］间的数据进行代数比较，结果送到目标操作数［D.］中	K、H、KnX、KnY、KnM、KnS、T、C、D、R、U □ \ G □、V、Z	Y、M、S。D□.b	9 步（16 位）17 步（32 位）

2. 区间比较指令使用说明

①ZCP 指令是将两个源操作数［S1.］和［S2.］的数据进行比较，结果送到［D.］中，［D.］由三个元件组成，［D.］中为三个相邻元件首地址的元件。

②ZCP 指令为二进制代数比较，并且［S1.］<［S2.］，如果［S1.］>［S2.］，则把［S1.］视为［S2.］处理。

当执行条件由 ON→OFF 时，不执行 ZCP 指令，但［D.］中元件的状态保持不变，要去除比较结果，需要用复位指令才能清除。

③该指令可以进行 16/32 位数据处理和连续/脉冲执行方式。

3. 区间比较指令的应用

区间比较指令的应用如图 6 – 14 所示。

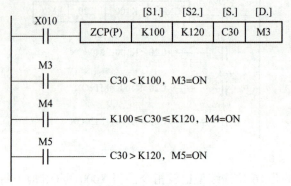

图 6 – 14　区间比较指令的应用

图 6 – 14 所示的是 16 位脉冲型区间比较指令，当 X010 由 OFF 变为 ON 时，执行一次区间比较，当计数器 C30 的当前值小于十进制常数 100 时，M3 闭合；当计数器 C30 的当前值大于等于十进制常数 100，且小于等于十进制常数 120 时，M4 闭合；当计数器 C30 的当前值大于十进制常数 120 时，M5 闭合。当 X010 为 OFF 时，不执行 ZCP 指令，但 M3、M4、M5 的状态保持不变。

（三）区间复位指令（ZRST）

1. ZRST 指令使用要素

ZRST 指令的名称、编号、位数、助记符、功能及操作数等使用要素见表 6 – 11。

表 6 – 11　区间复位指令使用要素

指令名称	指令编号、位数	助记符	功能	操作数		程序步
				[D1.]	[D2.]	
区间复位	FNC40（16）	ZRST ZRST（P）	将［D1.］~［D2.］指定元件编号范围内的同类元件成批复位	Y，M，S，T，C，D，R，U□\G□		5 步

2. ZRST 指令使用说明

①目标操作数［D1.］和［D2.］指定的元件为同类软元件，［D1.］指定的元件编号应≤［D2.］指定的元件编号。若［D1.］元件编号＞［D2.］元件编号，则只有［D1.］指定的元件被复位。

②单个位元件和字元件可以用 RST 指令复位。

③该指令为 16 位处理指令，但是可在［D1.］和［D2.］中指定 32 位计数器。不允许混合指定，即不能在［D1.］中指定 16 位计数器，而在［D2.］中指定 32 位计数器。

3. ZRST 指令的应用

ZRST 指令的应用如图 6 – 15 所示。当 M8002 由 OFF→ON 时，执行区间复位指令。位元件 M500～M599 成批复位，字元件 C235～C255 成批复位，状态元件 S0～S127 成批复位。

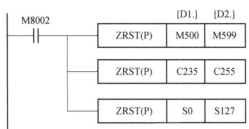

图 6 – 15 ZRST 指令的应用

(四) 应用举例

小车自动选向、自动定位控制：某车间有 4 个工作台，小车往返于工作台之间选料。每个工作台设有一个到位开关（SQ）和一个呼叫按钮（SB）。具体控制要求如下：

①小车初始时应停在 4 个工作台中的任意一个到位开关上。

②设小车现暂停于 m 号工作台（此时 SQm 动作），这时 n 号工作台有呼叫（即 SBn 动作）。

a. 当 m＞n 时，小车左行，直至 SQn 动作，到位停车。即当小车所停位置 SQ 的编号大于呼叫的 SB 的编号时，小车左行至呼叫的 SB 位置后停止。

b. 当 m＜n 时，小车右行，直至 SQn 动作，到位停车。即当小车所停位置 SQ 的编号小于呼叫的 SB 的编号时，小车右行至呼叫的 SB 位置后停止。

c. 当 m＝n 时，小车原地不动。即当小车所停位置 SQ 的编号与呼叫的 SB 的编号相同时，小车不动作。

1. I/O 地址分配

根据题意，I/O 地址分配见表 6 – 12。

表 6 – 12 小车自动控制系统 I/O 地址分配

输入			输出		
设备名称	符号	输入元件编号	设备名称	符号	输出元件编号
1#限位开关	SQ1	X000	小车左行控制接触器	KM1	Y000
2#限位开关	SQ2	X001	小车右行控制接触器	KM2	Y001
3#限位开关	SQ3	X002			
4#限位开关	SQ4	X003			
1#呼叫按钮	SB1	X004			
2#呼叫按钮	SB2	X005			
3#呼叫按钮	SB3	X006			
4#呼叫按钮	SB4	X007			

2. 编制程序

分析：由控制要求可知，小车要实现自动选择运动方向和自动定位控制，首先要判断小车是否停在某一工位上，采用各工位上限位开关对应的输入继电器的位元件组合与十进制常数 0 进行比较，若小车停在某一工位上，则一定满足 K1X000 > K0，并将小车停在某工位的位组合元件的值通过传送指令送入数据寄存器中。然后判断是否有工作台呼叫，采用各工作台呼叫按钮对应的输入继电器的位元件组合与十进制常数 0 进行比较，若有工作台呼叫，则一定满足 K1X004 > K0，并将工作台呼叫的位组合元件的值通过传送指令送入数据寄存器中。在判断小车停在某一工位上，并且有某一工作台呼叫的条件下，将两数据寄存器的值进行比较，来判定小车的运动方向。至此，编制梯形图程序如图 6-16 所示。

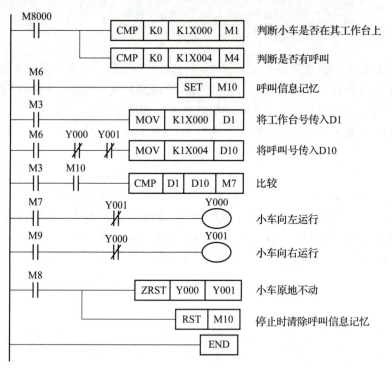

图 6-16　小车自动选向自动定位控制梯形图

三、任务实施

（一）训练目标

①熟练掌握比较指令和传送指令在程序中的应用。

②根据控制要求编制梯形图程序。

③会 FX3U 系列 PLC 的外部 I/O 接线。

④熟练使用三菱 GX Developer 编程软件，编制梯形图程序并写入 PLC 进行调试运行，查看运行结果。

（二）设备与器材

本任务实施所需设备与器材，见表 6-13。

表6-13　本任务实施所需设备与器材

序号	名称	符号	型号规格	数量	备注
1	常用电工工具		十字螺钉旋具、一字螺钉旋具、尖嘴钳、剥线钳等	1套	表中所列设备、器材的型号规格仅供参考
2	计算机（安装 GX Developer 编程软件）			1台	
3	THPFSL-2 网络型可编程控制器综合实训装置			1台	
4	8站随机呼叫模拟控制挂件			1个	
5	连接导线			若干	

（三）内容与步骤

1. 任务要求

某车间有8个工作台，送料车往返于工作台之间送料，如图6-17所示。每个工作台设有一个到位开关（SQ1~SQ8）和一个呼叫按钮（SB1~SB8）。

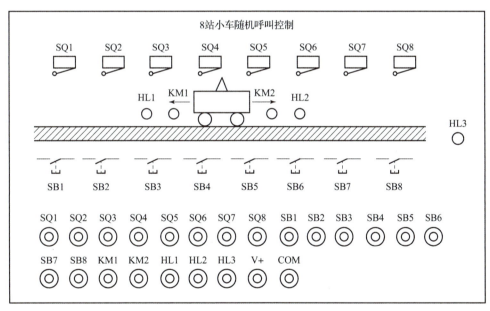

图6-17　8站小车随机呼叫控制面板

具体控制要求如下：

①送料车开始应能停留在8个工作台中任意一个到位开关的位置上。

②设送料车现暂停于 m 号工作台（SQm 为 ON）处，这时 n 号工作台呼叫（SBn 为 ON），当 m>n 时，送料车左行，直至 SQn 动作，到位停车。即送料车所停位置 SQ 的编号大于呼叫按钮 SB 的编号时，送料车往左行运行至呼叫位置后停止。

③当 m < n 时，送料车右行，直至 SQn 动作，到位停车。

④当 m = n，即小车所停位置编号等于呼叫号时，送料车原位不动。

⑤小车运行时呼叫无效。

⑥具有左行、右行指示，原点不动指示。

2. I/O 地址分配与接线图

I/O 地址分配见表 6 – 14。

表 6 – 14 8 站小车呼叫 I/O 地址分配

输入			输出		
设备名称	符号	输入元件编号	设备名称	符号	输出元件编号
1#限位开关	SQ1	X000	小车左行控制接触器	KM1	Y000
2#限位开关	SQ2	X001	小车右行控制接触器	KM2	Y001
:	:	:	小车左行指示	HL1	Y004
7#限位开关	SQ7	X006	小车右行指示	HL2	Y005
8#限位开关	SQ8	X007	小车原位指示	HL3	Y006
1#呼叫按钮	SB1	X010			
2#呼叫按钮	SB2	X011			
:	:	:			
7#呼叫按钮	SB7	X016			
8#呼叫按钮	SB8	X017			

I/O 接线图如图 6 – 18 所示。

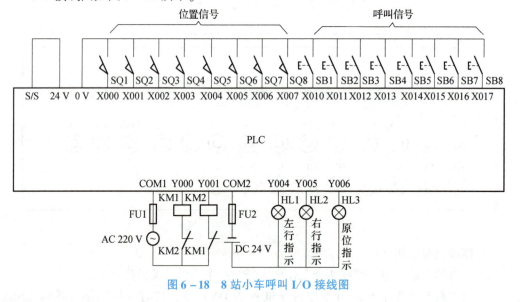

图 6 – 18 8 站小车呼叫 I/O 接线图

3. 编制程序

根据控制要求编写梯形图程序，如图 6 – 19 所示。

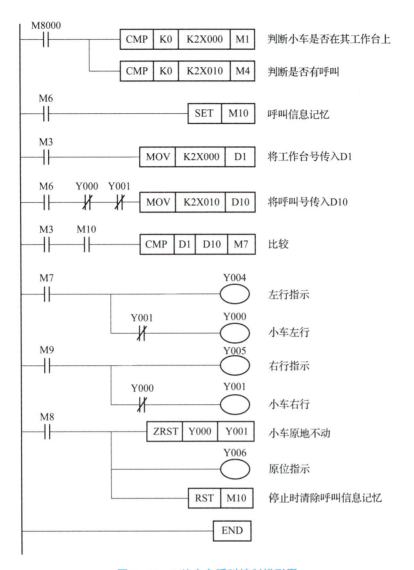

图 6-19   8站小车呼叫控制梯形图

4. 调试运行

利用编程软件将编写的梯形图程序写入 PLC，按照图 6-18 进行 PLC 输入、输出端接线，调试运行，观察运行结果。

（四）分析与思考

①本任务程序中小车呼叫前停止在某一工位以及由某一工位呼叫是如何实现的？

②如果用基本指令编制梯形图，程序应如何编制？

③本任务程序是否响应小车运行中的呼叫，如不响应，是如何实现的？

四、任务考核

任务实施考核表见表 6-15。

表 6 – 15　任务实施考核表

序号	考核内容	考核要求	评分标准	配分	得分
1	电路及程序设计	1. 能正确分配 I/O，并绘制 I/O 接线图； 2. 根据控制要求，正确编制梯形图程序	1. I/O 分配错或少，每个扣 5 分； 2. I/O 接线图设计不全或有错，每处扣 5 分； 3. 梯形图表达不正确或画法不规范，每处扣 5 分	40 分	
2	安装与连线	能根据 I/O 地址分配，正确连接电路	1. 连线错一处，扣 5 分 2. 损坏元器件，每只扣 5 ~ 10 分 3. 损坏连接线，每根扣 5 ~ 10 分	20 分	
3	调试与运行	能熟练使用编程软件编制程序写入 PLC，并按要求调试运行	1. 不会熟练使用编程软件进行梯形图的编辑、修改、转换、写入及监视，每项扣 2 分； 2. 不能按照控制要求完成相应的功能，每缺一项扣 5 分	20 分	
4	安全操作	确保人身和设备安全	违反安全文明操作规程，扣 10 ~ 20 分	20 分	
5	合计				

五、知识拓展

（一）触点比较指令

1. 触点比较指令使用要素

触点比较指令使用要素见表 6 – 16。

表 6 – 16　触点比较指令使用要素

指令名称	指令编号位数	助记符	功能	操作数		程序步
				[S1.]	[S2.]	
取触点比较	FNC224 (16/32)	LD = LD(D) =	[S1.] = [S2.] 时 起始触点接通	K，H，KnX，KnY，KnM，KnS，T，C，U□\G□，D，R，V，Z		LD = : 5 步 LD(D) = : 9 步
	FNC225 (16/32)	LD > LD(D) >	[S1.] > [S2.] 时 起始触点接通			LD > : 5 步 LD(D) > : 9 步
	FNC226 (16/32)	LD < LD(D) <	[S1.] < [S2.] 时 起始触点接通			LD < : 5 步 LD(D) < : 9 步
	FNC228 (16/32)	LD <> LD(D) <>	[S1.] ≠ [S2.] 时 起始触点接通			LD <> : 5 步 LD(D) <> : 9 步
	FNC229 (16/32)	LD <= LD(D) <=	[S1.] ≤ [S2.] 时 起始触点接通			LD <= : 5 步 LD(D) <= : 9 步
	FNC230 (16/32)	LD >= LD(D) >=	[S1.] ≥ [S2.] 时 起始触点接通			LD >= : 5 步 LD(D) >= : 9 步

指令名称	指令编号 位数	助记符	功能	操作数 [S1.]	[S2.]	程序步
与触点比较	FNC232 (16/32)	AND == (a)aNV	[S1.]=[S2.]时 串联触点接通	K, H, KnX, KnY, KnM, KnS, T, C, U□\G□, D, R, V, Z		AND =：5 步 AND(D) =：9 步
	FNC233 (16/32)	AND > AND(D) >	[S1.]>[S2.]时 串联触点接通			AND >：5 步 AND(D) >：9 步
	FNC234 (16/32)	AND <> (a)aNV	[S1.]<[S2.]时 串联触点接通			AND <：5 步 AND(D) <：9 步
	FNC236 (16/32)	AND <> AND(D) <>	[S1.]≠[S2.]时 串联触点接通			AND <>：5 步 AND(D) <>：9 步
	FNC237 (16/32)	AND <= AND(D) <=	[S1.]≤[S2.]时 串联触点接通			AND <=：5 步 AND(D) <=：9 步
	FNC238 (16/32)	AND >= AND(D) >=	[S1.]≥[S2.]时 串联触点接通			AND >=：5 步 AND(D) >=：9 步
或触点比较	FNC240 (16/32)	OR = OR(D) =	[S1.]=[S2.]时 并联触点接通	K, H, KnX, KnY, KnM, KnS, T, C, U□\G□, D, R, V, Z		OR =：5 步 OR(D) =：9 步
	FNC241 (16/32)	OR > OR(D) >	[S1.]>[S2.]时 并联触点接通			OR >：5 步 OR(D) >：9 步
	FNC242 (16/32)	OR < OR(D) <	[S1.]<[S2.]时 并联触点接通			OR <：5 步 OR(D) <：9 步
	FNC244 (16/32)	OR <> OR(D) <>	[S1.]≠[S2.]时 并联触点接通			OR <>：5 步 OR(D) <>：9 步
	FNC245 (16/32)	OR <= OR(D) <=	[S1.]≤[S2.]时 并联触点接通			OR <=：5 步 OR(D) <=：9 步
	FNC246 (16/32)	OR >= OR(D) >=	[S1.]≥[S2.]时 并联触点接通			OR >=：5 步 OR(D) >=：9 步

2. 触点比较指令使用说明

①触点比较指令"LD ="" LD(D) =~ OR >="" OR(D) >=（FNC 224 ~ FNC246 共 18 条)"用于将两个源操作数 [S1.]、[S2.] 的数据进行比较，根据比较结果决定触点的通断。

②取触点比较指令和基本指令取指令类似，用于和左母线连接或用于分支中的第一个触点。

③与触点比较指令和基本指令与指令类似，用于和前面的触点组和单触点串联。

④或触点比较指令和基本指令或指令类似，用于和前面的触点组或单触点并联。

3. 触点比较指令的应用

触点比较指令的应用如图 6-20 所示。

在图 6-20 中，当 C1 的当前值等于 100 时该触点闭合，当 D0 的数值不等于 -5 时该触点闭合，当（D11，D10）的数值大于等于 K1000 时该触点闭合。此时，在 X000 由 OFF 变为 ON 时，Y000 产生输出。

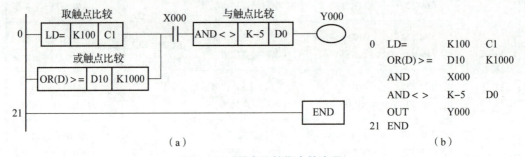

图 6-20　触点比较指令的应用

（a）梯形图；（b）指令表

（二）触点比较指令的应用——简易定时报时器程序

1. 控制要求

应用计数器与触点比较指令，构成 24 h 可设定定时时间的控制器，15 min 为一设定单位，共 96 个时间单位。

控制器的控制要求：早上 6：30，电铃（Y000）每秒响 1 次，6 次后自动停止；9：00~17：00，启动住宅报警系统（Y001）；18：00 开园内照明（Y002）；晚上 22：00 关园内照明（Y002）。

2. I/O 地址分配

简易定时报时器控制 I/O 分配，见表 6-17。

表 6-17　简易定时报时器控制 I/O 分配表

输入			输出		
设备名称	符号	X 元件编号	设备名称	符号	Y 元件编号
启停开关	S1	X000	电铃	HA	Y000
15 min 快速调整开关	S2	X001	住宅报警	HC	Y001
格数调整开关	S3	X002	园内照明	HL	Y002

3. 编制程序

根据控制任务要求，编制梯形图程序如图 6-21 所示。

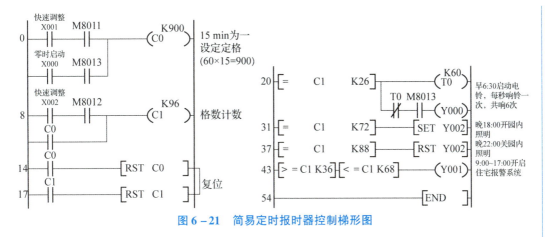

图6-21　简易定时报时器控制梯形图

六、任务总结

本任务介绍了比较指令、区间比较指令和区间复位指令的功能及应用。然后以8站小车随机呼叫的PLC控制为载体，围绕其程序设计分析、程序写入、输入/输出连线、调试及运行开展项目实施，针对性很强，目标明确。最后拓展了触点比较指令的功能，并举例说明其具体应用。

一、任务导入

在知识竞赛或智力比赛等场合，经常会使用快速抢答器，那么抢答器的控制部分如何设计呢？抢答器的设计方法与采用的元器件有很多种。可以采用数字电子技术学过的各种门电路芯片与组合逻辑电路芯片搭建电路完成，也可以利用单片机为控制核心组成系统实现，还可以用PLC控制完成。在这里仅介绍利用PLC作为控制设备来实现抢答器的控制。

二、知识链接

（一）指针（P、I）

在执行PLC程序过程中，当某条件满足时，需要跳过一段不需要执行的程序，或者调用一个子程序，或者执行制定的中断程序，这时需要用一"操作标记"来标明所操作的程序段，这一"操作标记"称为指针。

在FX3U系列PLC中，指针用来指示分支指令的跳转目标和中断程序的入口标号，分为分支指针（P）和中断指针（I）两类，其中，中断用指针又可分为输入用中断指针、定时器用中断指针和计数器用中断指针三种，其编号均采用十进制数分配。FX3U系列PLC的指针种类及地址编号见表6-18。

1. 分支指针（P）

分支指针是条件跳转指令和子程序调用指令跳转或调用程序时的位置标签（入口

地址）。FX3U 系列 PLC 的分支指针编号为 P0 ~ P4095，共 4 096 点。分支指针的使用如图 6 - 22 所示。

表 6 - 18　FX3U 系列 PLC 的指针种类及地址编号

PLC 机型	分支指针	中断指针		
		输入中断用指针	定时器中断用指针	计数器中断用指针
FX3U、 FX3UC 型	P0 ~ P4095 4 096 点	I00□（X000） I10□（X001） I20□（X002） I30□（X003）　6 点 I40□（X004） I50□（X005）	I6□ I7□　3 点 I8□	I010 I020 I030 I040　6 点 I050 I060

注：在表 6 - 18 中，当为 1 时，表示上升沿中断；为 0 时，表示下降沿中断。□内数值为定时范围：10 ~ 99 ms。

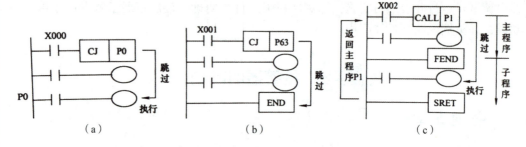

图 6 - 22　分支指针的使用

(a) 条件跳转；(b) 跳到 END；(c) 子程序调用

分支指针的使用说明：

①指针 P63 为 END 指令跳转用特殊指针，当出现 CJ P63 时驱动条件成立后，马上跳转到 END 指针，执行 END 指令功能。因此，P63 不能作为程序入口地址标号而进行编程。如果对标号 P63 编程，PLC 会发生程序错误并停止运行。

②分支指针 P 必须和条件跳转指令 CJ 或子程序调用指令 CALL 组合使用。条件跳转时分支指针 P 在主程序区；子程序调用时分支指针在副程序区。

③在编程软件 GX 上输入梯形图时，分支指针的输入方法：找到需跳转的程序或调用的子程序首行，将光标移到该行左母线外侧，直接输入分支指针标号即可。

2. 中断指针（I）

中断指针用来指明某一中断源的中断程序入口，分为输入中断用指针、定时器中断用指针、高速计数器中断用指针。中断指针的使用，如图 6 - 23 所示。

①输入中断用指针只接收来自特定的输入地址号（X000 ~ X005）的输入信号而不受 PLC 扫描周期的影响。地址编号：I00□（X000）、I10□（X001）、I20□（X002）、I30□（X003）、140□（X004）、150（□X005）共 6 点。

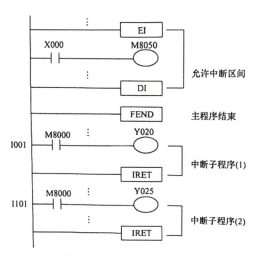

图 6-23　中断指针的使用

例如，指针 I100，表示输入 X001 从 ON→OFF 变化时，执行标号 I100 之后的中断程序，并由 IRET 指令结束该中断程序。

②定时器中断用指针用于在各制定的中断循环时间（10~99 ms）执行中断子程序。地址编号：16□、17□、I8□，共 3 点。

③高速计数器中断用指针根据 PLC 内部的高速计数器的比较结果执行中断子程序，用于利用高速计数器优先处理计数结果的控制。地址编号：I010、I020、I030、I040、I050、I060，共 6 点。

（二）子程序调用和子程序返回指令（CALL、SRET）

1. CALL、SRET 指令使用要素

CALL、SRET 指令的名称、编号、位数、助记符、功能和操作数等使用要素见表6-19。

表 6-19　CALL、SRET 指令使用要素

指令名称	指令编号位数	助记符	功能	操作数[D.]	程序步
子程序调用	FNC01（16）	CALL CALL（P）	当执行条件满足时，CALL 指令使程序跳到指针标号处，子程序被执行	P0~P62 P64~P4095	CALL、CALL（P）：3 步 标号 P：1 步
子程序返回	FNC02	SRET	返回主程序	无	1 步

说明：由于 P63 为 CJ（FNC00）专用（END）跳转，因此不可以作为 CALL（FNC 01）指令的指针使用。

2. CALL、SRET 指令使用说明

①使用 CALL 指令，必须对应 SRET 指令。当 CALL 指令执行条件为 ON 时，指令使主程序跳到指令指定的标号处执行子程序，子程序结束，执行 SRET 指令后返回主程序。

②为了区别主程序，将主程序排在前面，子程序排在后面，并以主程序结束指令 FEND 给予分隔。

③各子程序用分支指针 P0 ~ P62、P64 ~ P4095 表示。条件跳转指令（CJ）用过的指针标号，子程序调用指令不能再用。不同位置的 CALL 指令可以调用同一指针的子程序，但指针的标号不能重复标记，即同一指针标号只能出现一次。

④CALL 指令可以嵌套，但整体而言最多只允许 5 层嵌套（即在子程序内的调用子程序指令最多允许使用 4 次）。

⑤子程序内使用的软元件。

a. 定时器 T 的使用。子程序中规定使用的定时器为 T192 ~ T199 和 T246 ~ T249。

b. 软元件状态。子程序在调用时，其中各软元件的状态受程序执行的控制。但当调用结束，其软元件则保持最后一次调用的状态不变，如果这些软元件的状态没有受到其他程序的控制，则会长期保持不变，哪怕是驱动条件发生变化，软元件状态也不会改变。

如果在程序中对定时器、计数器执行 RST 指令后，定时器和计数器的复位状态也被保持，那么，对这些软元件编程时或在子程序结束后的主程序中复位，或是在子程序中进行复位。

3. CALL、SRET 指令的应用

CALL、SRET 指令的应用如图 6 – 24 所示。当 X000 为 ON 时，CALL 指令使主程序跳到 P10 处执行子程序，当执行 SRET 指令时，返回到主程序，执行 CALL 的下一步，一直执行到主程序结束指令 FEND。

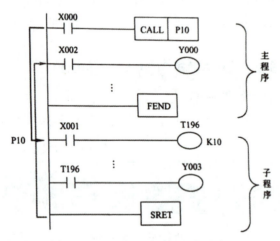

图 6 – 24　CALL、SRET 指令的应用

（三）主程序结束指令（FEND）

1. FEND 指令使用要素

FEND 指令的名称、编号、助记符、功能和操作数等使用要素见表 6 – 20。

表 6 – 20　主程序结束指令使用要素

指令名称	指令编号	助记符	功能	操作数	程序步
主程序结束	FNC06	FEND	表示主程序结束和子程序区开始	无	1 步

2. FEND 指令使用说明

①FEND 指令表示主程序的结束，子程序的开始。程序执行到 FEND 指令时，进行输出处理、输入处理和监视定时器刷新，完成后返回第 0 步。

②在使用该指令时应注意，子程序或中断子程序必须写在 FEND 指令与 END 指令之间。

③在有跳转指令的程序中，用 FEND 作为主程序和跳转程序的结束。

④在子程序调用指令（CALL）中，子程序应放在 FEND 之后且用 SRET 返回指令。

⑤当主程序中有多个 FEND 指令时，副程序区的子程序和中断服务程序块必须写在最后一个 FEND 指令和 END 指令之间。

⑥FEND 指令不能出现在 FOR⋯⋯NEXT 循环程序中，也不能出现在子程序中，否则程序会出错。

3. FEND 指令的应用

FEND 指令的应用如图 6 − 25 所示。

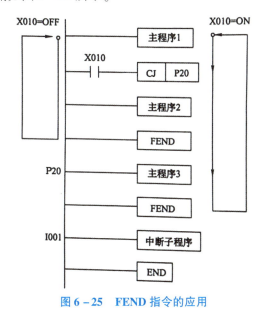

图 6 − 25 FEND 指令的应用

三、任务实施

（一）训练目标

①熟练掌握指针、子程序调用、主程序结束等指令在程序中的应用。

②会 FX3U 系列 PLC 的外部 I/O 接线。

③根据控制要求编写梯形图程序。

④熟练使用三菱 GX Developer 编程软件，编制梯形图程序并写入 PLC 进行调试运行，查看运行结果。

（二）设备与器材

本任务所需设备与器材见表 6-21。

表 6-21　本任务所需设备与器材

序号	名称	符号	型号规格	数量	备注
1	常用电工工具		十字螺钉旋具、一字螺钉旋具、尖嘴钳、剥线钳等	1 套	表中所列设备、器材的型号规格仅供参考
2	计算机（安装 GX Developer 编程软件）			1 台	
3	THPFSL-2 网络型可编程控制器综合实训装置			1 台	
4	抢答器模拟控制挂件			1 个	
5	连接导线			若干	

（三）内容与步骤

1. 任务要求

某智力竞赛抢答器控制面板如图 6-26 所示，有三支参赛队伍，分为儿童队（1 号队）、学生队（2 号队）、成人队（3 号队），其中儿童队 2 人，成人队 2 人，学生队 1 人，主持人 1 人。在儿童队、学生队、成人队桌面上分别安装指示灯 HL1、HL2、HL3，抢答按钮 SB11、SB12、SB21、SB31、SB32，主持人桌面上安装允许抢答指示灯 HL0 和抢答开始按钮 SB0、复位按钮 SB1。具体控制要求如下：

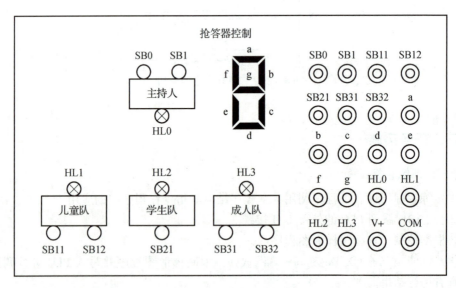

图 6-26　抢答器控制面板

①当主持人按下 SB0 后，指示灯 HL0 亮，表示抢答开始，参赛队方可开始按下抢答按钮抢答，否则抢答无效。

②为了公平，要求儿童队只需 1 人按下按钮，其对应的指示灯亮，而成人队需要两人同时按下两个按钮对应的指示灯才亮。

③当一个问题回答完毕，主持人按下 SB1，系统复位。

④某队抢答成功时，LED 数码管显示抢答队的编号，并联锁其他队抢答无效。

⑤当抢答开始后时间超过 30 s，无人抢答，此时 HL0 灯以 1 s 周期闪烁，提示抢答时间已过，此题作废。

2. I/O 地址分配与接线图

抢答器 I/O 地址分配见表 6-22。

表 6-22　抢答器 I/O 地址分配

输入			输出		
设备名称	符号	X 元件编号	设备名称	符号	Y 元件编号
抢答开始按钮	SB0	X000	7 段显示码	a ~ g	Y000 ~ Y006
复位按钮	SB1	X001	主持人指示灯	HL0	Y007
儿童队抢答按钮 1	SB11	X002	儿童队指示灯	HL1	Y010
儿童队抢答按钮 2	SB12	X003	学生队指示灯	HL2	Y011
学生队抢答按钮	SB21	X004	成人队指示灯	HL3	Y012
成人队抢答按钮 1	SB31	X005			
成人队抢答按钮 2	SB32	X006			

抢答器 I/O 接线图如图 6-27 所示。

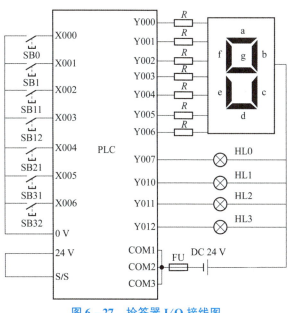

图 6-27　抢答器 I/O 接线图

3. 编制程序

根据控制要求编写梯形图程序，如图 6 - 28 所示。

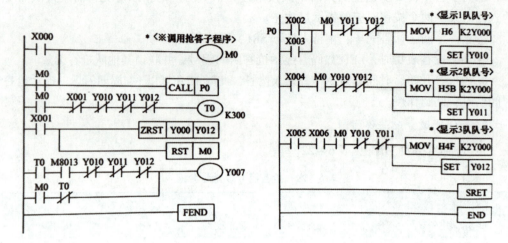

图 6 - 28　抢答器控制梯形图

4. 调试运行

利用编程软件将编写的梯形图程序写入 PLC，按照图 6 - 27 进行 PLC 输入、输出端接线，调试运行，观察运行结果。

(四) 分析与思考

①试分析抢答器梯形图程序中，抢答成功队队号显示编程的思路。

②本控制程序中，抢答开始后无人抢答，要求 HL0 灯以 1 s 周期闪烁。如果用两个定时器实现闪烁控制，程序应如何修改？

四、任务考核

任务实施考核表见表 6 - 23。

表 6 - 23　任务实施考核表

序号	考核内容	考核要求	评分标准	配分	得分
1	电路及程序设计	1. 能正确分配 I/O，并绘制 I/O 接线图； 2. 根据控制要求，正确编制梯形图程序	1. I/O 分配错或少，每个扣 5 分； 2. I/O 接线图设计不全或有错，每处扣 5 分； 3. 梯形图表达不正确或画法不规范，每处扣 5 分	40 分	
2	安装与连线	能根据 I/O 地址分配，正确连接电路	1. 连线错一处，扣 5 分； 2. 损坏元器件，每只扣 5~10 分； 3. 损坏连接线，每根扣 5~10 分	20 分	

序号	考核内容	考核要求	评分标准	配分	得分
3	调试与运行	能熟练使用编程软件编制程序写入 PLC，并按要求调试运行	1. 不会熟练使用编程软件进行梯形图的编辑、修改、转换、写入及监视，每项扣 2 分； 2. 不能按照控制要求完成相应的功能，每缺一项扣 5 分	20 分	
4	安全操作	确保人身和设备安全	违反安全文明操作规程，扣 10～20 分	20 分	
5		合计			

五、知识拓展

（一）条件跳转指令（CJ）

1. 条件跳转指令（CJ）使用要素

CJ 指令的名称、编号、位数、助记符、功能和操作数等使用要素见表 6 – 24。

表 6 – 24　条件跳转指令使用要素

指令名称	指令编号位数	助记符	功能	操作数 [D.]	程序步
条件跳转	FNC00 (16)	CJ CJ（P）	在满足跳转条件后程序将跳到以指针 Pn 为入口的程序段中执行，直到跳转条件不满足，跳转停止执行	P0 ～ P4095，其中 P63 跳转到 END	CJ，CJ（P）：3 步 标号 P：1 步

2. 条件跳转指令（CJ）的使用说明

①缩短程序的运算时间。CJ 指令跳过部分程序将不执行（不扫描），因此，可以缩短程序的扫描周期。

②两条或多条条件跳转指令可以使用同一标号的指针，但必须注意：标号不能重复，如果使用了重复标号，则程序出错。

③条件跳转指令可以往前面跳转。条件跳转指令除了可以往后跳转外，也可以往条件跳转指令前面的指针跳转，但必须注意：条件跳转指令后的 END 指令将有可能无法扫描，因此会引起警戒时钟出错。

④当程序调到程序的结束点 END，分支指针 P63 无须标记。

⑤该指令可以连续和脉冲方式执行。

⑥如果积算型定时器和计数器的 RST 指令在跳转程序之内，即使跳转程序生效，RST 指令仍然有效。

⑦跳转区域的软元件状态变化。

a. 位元件 Y、M、S 的状态将保持跳转前状态不变。

b. 如果通用型定时器或普通计数器被驱动后发生跳转，则暂停计时和计数并保持当前值不变，跳转指令不执行时定时器或计数器继续工作。对于正在计时的通用定时器 T192～T199 跳转时仍继续计时。

c. 积算型定时器 T246～T255 和高速计数器 C225～C255 如被驱动后再发生跳转，则即使该段程序被跳过，计时和计数仍然继续，其延时触点也能动作。

3. 条件跳转指令的应用

条件跳转指令的应用如图 6-29 所示。当 X000 为 ON 时，每一扫描周期，PLC 都将跳转到标号为 P0 处程序执行，当 X000 为 OFF 时，不执行跳转，PLC 按顺序逐行扫描程序执行。

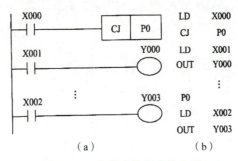

图 6-29 条件跳转指令的应用

(a) 梯形图；(b) 指令表

（二）电动机手动/自动选择控制程序

1. 控制要求

某台电动机具有手动/自动两种操作方式。SA 是操作方式选择开关，当 SA 断开时，选择手动操作方式；当 SA 闭合时，选择自动操作方式。两种操作方式如下：

手动操作方式：按启动按钮 SB1，电动机启动运行；按停止按钮 SB2，电动机停止。

自动操作方式：按启动按钮 SB1，电动机连续运行 1 min 后，自动停机，若按停止按钮 SB2，电动机立即停机。

2. I/O 地址分配

确定电动机手动/自动控制输入、输出并进行 I/O 地址分配，见表 6-25。

表 6-25 电动机手动/自动控制 I/O 地址分配

输入			输出		
设备名称	符号	X 元件编号	设备名称	符号	Y 元件编号
启动按钮	SB1	X001	控制电动机电源的交流接触器	KM	Y000
停止按钮	SB2	X002			
选择开关	SA	X003			

3. 编制程序

电动机手动/自动控制梯形图如图6-30所示。

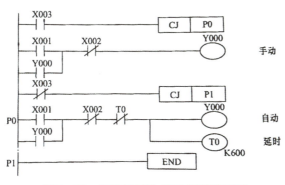

图6-30 电动机手动/自动控制梯形图

六、任务总结

本任务介绍了指针、主程序结束指令、子程序调用和子程序返回指令的功能及应用；然后以抢答器的PLC控制为载体，围绕其程序设计分析、程序写入、输入/输出连线、调试及运行开展任务实施，针对性很强，目标明确。最后拓展了跳转指令的功能，并举例说明其具体应用。

知识点归纳与总结

任务一
- 功能指令的表达式
- 数据长度及执行方式
- 扩展继承器
- 反冲继承器
- 传送指令（MOV）
- 循环指令（ROR、ROL）
- 流水灯I/O接线图
- 流水灯梯形图

任务二
- 比较指令（CMP）
- 区间比较指令（ZCP）
- 区间复位指令（ZRST）
- 8站小车随机呼叫系统I/O接线图
- 8站小车随机呼叫系统梯形图

任务三
- 指针（P、I）
- 子程序调用与返回（CALL、SRET）
- 主程序结束指令（FEND）
- 抢答器I/O接线图
- 抢答器梯形图

任务四
- 加法与减法指令（ADD、SUB）
- 7段译码指令（SEGD）
- 数据变换指令（BCD、BIN）
- 乘法与除法指令（MUL、DIV）
- 二进制加1/减1指令（INC、DEC）
- 自动售后机I/O接线图
- 自动售后机梯形图

PLC常用功能指令

功能指令的类型
- 传输与比较
- 循环与位移
- 数据处理
- 定位控制
- 扩展控制

功能指令的使用规则
- 使用次数限制
- 软件重复使用
- 特殊数据寄存器
- 特殊继电器

功能指令的含义
- 指令码
- 助记符
- 操作数

项目六　思考题与习题

思考题与习题

一、选择题

1. FX3U 系列 PLC 分支指针 P 范围是（　　　）。

A. P0 ~ P4095　　　　B. P0 ~ P63　　　　C. P0 ~ P64　　　　D. P0 ~ P127

2. 比较指令 CMP 的目标操作数指定为 M10，则（　　　）被自动占有。

A. M10 ~ M12　　　　B. M10　　　　C. M10 ~ M13　　　　D. M11 ~ M12

3. 使用传送指令 MOV 后（　　　）。

A. 源操作数的内容传送到目标操作数中，且源操作数的内容清零

B. 目标操作数的内容传送到源操作数中，且目标操作数的内容清零

C. 源操作数的内容传送到目标操作数中，且源操作数的内容不变

D. 目标操作数的内容传送到源操作数中，且目标操作数的内容不变

4. 程序流向控制指令包括（　　　）。

A. 条件跳转指令　　　B. 中断指令　　　C. 循环指令　　　D. 比较指令

5. 下列（　　　）元件表示的是字元件。

A. M0　　　　B. Y2　　　　C. S20　　　　D. C5

6. 下列属于 PLC 清零程序的是（　　　）。

A. RST S20 S30　　　　　　　　B. ZRST T0 T20

C. RST C10 C15　　　　　　　　D. ZRST X000 X017

7. 二进制加 1 指令的助记符是（　　　）。

A. SUB　　　　B. ADD　　　　C. DEC　　　　D. INC

8. 位右移指令"SFTR（P）X0 M0 K12 K3"首次执行后目标操作数（　　　）对应的位元件组合是（　　　）。

A. M8 M7 M6 M5 M4 M3 M2 M1 M0 X2 X1 X0

B. X2 X1 X0 M11 M10 M9 M8 M7 M6 M5 M4 M3

C. M0 M1 M2 M11 M10 M9 M8 M7 M6 M5 M4 M3

D. M8 M7 M6 M5 M4 M3 M2 M1 M0 M11 M10 M9

9. 位元件组合 K4M10 中，仅 M17 为"1"，其余均为"0"，且 D10 = K128，则执行比较指令"CMP D10 K4M10 Y000"后，输出为 ON 的是（　　　）。

A. Y002　　　　B. Y001　　　　C. Y000　　　　D. 都不为 ON

10. 执行指令"ZRST T10 T15"后，完成的功能是（　　　）。

A. T10 ~ T15 的当前值为 0，触点不复位

B. T10 ~ T15 的设定值为 0，触点不复位

C. T10 ~ T15 的当前值为 0，触点复位

D. T10 ~ T15 的设定值为 0，触点复位

11. 当 PLC 执行"OUT D10. C"指令后（　　　）。

A. D10 的 b12 位置为 1　　　　　　B. D10 为 K0

C. D10 为全 1　　　　　　　　　　D. D10 的 b11 位置为 1

二、判断题

1. 功能指令是由助记符与操作数两部分组成的。　　　　　　　（　　）

2. 助记符又称为操作码，用来表示指令的功能，即告诉 PLC 要做什么。　（　　）

3. 操作数用来指明参与操作的对象，即告诉 PLC 对哪些元件进行操作。　（　　）

4. 在含有子程序的程序中，CALL 指令调用的子程序可以放在 END 指令前任意位置。　　　　　　　　　　　　　　　　　　　　　　　　　　　　（　　）

5. 功能指令助记符前加的"D"表示处理 32 位数据；不加"D"表示处理 16 位数据。　　　　　　　　　　　　　　　　　　　　　　　　　　　　　（　　）

6. 字元件 D10.6 的含义是 D10 的第 6 个二进制位。　　　　　　（　　）

7. 执行指令"MOV K100 D10"的功能是将 K100 写入 D10 中。　　（　　）

8. 执行触点比较指令"LD > = C20 K50"的功能是当计数器 C20 的当前值大于等于十进制数 50 时，该触点接通一个扫描周期。　　　　　　　　　　　（　　）

三、填空题

1. FX3U 系列 PLC 功能指令的操作数分为_____、_____和_____，其中作为补充注释说明的操作数是_____。

2. 功能指令的执行方式分为_____、_____。

3. 位元件组合 K2X000 表示_____构成，组成的位元件是_____。

4. FX3U 系列 PLC 条件跳转指令的操作数为_____。

5. 变址寄存器 V、Z，在 32 位运算变址时，V 和 Z 组合使用，_____为高 16 位，_____为低 16 位。

6. 在二进制乘法运算时，当源操作数（乘数和被乘数）为 16 位数据时，则目标操作数（积）为_____。

7. 缓冲寄存器 BFM 字 U1\G16 表示的含义是_____。

8. FX3 系列 PLC 编程位元件有_____、_____、_____、_____、_____、_____。

9. FX3 系列 PLC 的字元件有_____、_____、_____、_____、_____、_____。

四、简答题

1. 什么是位元件？什么是字元件？两者有什么区别？FX3U 系列 PLC 的位元件和字元件分别有哪些？

2. 位元件是如何组成字元件的？试举例说明。

3. 32 位数据寄存器是如何构成的？在指令的表达形式上有什么特点？

4. 试问如下软元件为何种软元件？由几位组成？X1、D20、S20、K4X0、V2、X10、K2Y0、M19。

5. 功能指令的组成要素有哪几个？其执行方式有哪几种？其操作数有哪几类？

6. 当 PLC 执行指令"MOV K5 K1Y000"后，Y000～Y003 的位状态是什么？

7. 执行指令语句"DMOV H5AA55 D0"后，D0、D1 中存储的数据各是多少？

五、程序设计题

1. 试用 MOV 指令编制三相异步电动机 Y－△减压启动程序，假定三相异步电动机

Y 联结启动的时间为 10 s。如果用位移位指令程序应如何编制？

2. 试用 CMP 指令实现下列功能：X000 为脉冲输入信号，当输入脉冲大于 5 时，Y001 为 ON；反之，Y000 为 OFF。试画出其梯形图。

3. 试用条件跳转指令，设计一个既能点动控制，又能自锁控制（连续运行）的电动机控制程序。假定 X000 = ON 时实现点动控制，X000 = OFF 时实现自锁控制。

4. 两台电动机相隔 10 s 启动，各运行 15 s 停止，循环往复。试用传送比较指令完成程序设计。

5. 试用比较指令设计一个密码锁控制程序。密码锁为 8 键输入（K2X000），若所拨数据与密码锁设定值 H65 相等，则 2 s 后，开照明；若所拨数据与密码锁设定值 H87 相等，则 3 s 后，开空调。

附录 A 导线颜色的选择

1. 依导线颜色标志电路时

（1）黑色：装置和设备的内部布线。

（2）棕色：直流电路的正极。

（3）红色：三相电路和 C 相；半导体三极管的集电极；半导体二极管、整流二极管或可控硅管的阴极。

（4）黄色：三相电路的 A 相；半导体三极管的基极；可控硅管和双向可控硅管的控制极。

（5）绿色：三相电路的 B 相。

（6）蓝色：直流电路的负极；半导体三极管的发射极；半导体二极管、整流二极管或可控硅管的阳极。

（7）淡蓝色：三相电路的零线或中性线；直流电路的接地中线。

（8）白色：双向可控硅管的主电极；无指定用色的半导体电路。

（9）黄和绿双色（每种色宽 15~100 mm 交替贴接）：安全用的接地线。

（10）红、黑色并行：用双芯导线或双根绞线连接的交流电路。

2. 依电路选择导线颜色时

（1）交流三相电路。A 相：黄色；B 相：绿色；C 相：红色；零线或中性线：淡蓝色；安全用的接地线：黄和绿双色。

（2）用双芯导线或双根绞线连接的交流电路：红黑色并行。

（3）直流电路。正极：棕色；负极：蓝色；接地中线：淡蓝色。

（4）半导体电路的半导体三极管。集电极：红色；基极：黄色；发射极：蓝色。

（5）半导体二极管和整流二极管。阳极：蓝色；阴极：红色。

（6）可控硅管。阳极：蓝色；控制极：黄色；阴极：红色。

（7）双向可控硅管。控制极：黄色；主电极：白色。

（8）内部布线。一般推荐：黑色；半导体电路：白色；有混淆时：容许选指定用色外的其他颜色（如橙、紫、灰、绿蓝、玫瑰红等）。

（9）具体标色时，在一根导线上，如遇有两种或两种以上的可标色，视该电路的特定情况，依电路中需要表示的某种含义进行定色。

注：对于某种产品（如船舶电器）的母线，如国际上已有指定的国际标准，且与第（1）和（3）条的规定有差异时，亦允许按该国际标准所规定的色标进行标色。

附录 B　电气控制系统部分图形符号

名称	GB/T 4728—2005—2008 图形符号	GB/T 7159—1987 文字符号	名称	GB/T 4728—2005—2008 图形符号	GB/T 7159—1987 文字符号
直流电			有铁芯的双绕组变压器		T
交流电					
正、负极	+ −		三相自耦变压器		T
导线					
三根导线			电流互感器		TA
导线连接					
端子	○		电机扩大机		AR
端子板	1 2 3 4 5 6 7 8	XT			
接地		F	串励直流电动机	M	M
可调压的单相自耦变压器		T			

名称	GB/T 4728—2005—2008 图形符号	GB/T 7159—1987 文字符号	名称	GB/T 4728—2005—2008 图形符号	GB/T 7159—1987 文字符号
热继电器动合（常开）触点		FR	位置开关动断（常闭）触点		SQ
热继电器动断（常闭）触点		FR	压力继电器动断（常闭）触点		KP
按钮开关动合（常开）触点（启动按钮）		SB	速度继电器动合（常开）触点		KS
按钮开关动断（常闭）触点（停止按钮）		SB	接触器线圈		KM
延时闭合的动合（常开）触点		KT	继电器线圈		K
延时断开的动断（常闭）触点		KT	热继电器的热元件		FR
延时断开的动合（常开）触点		KT	电磁铁		YA
延时闭合的动断（常闭）触点		KT	电磁制动器		YB
接近开关动合（常开）触点		SQ	电磁离合器		YC
接近开关动断（常闭）触点		SQ	电磁阀		YV
位置开关动合（常开）触点		SQ	照明灯		EL
			指示灯、信号灯		HL

名称	GB/T 4728—2005—2008 图形符号	GB/T 7159—1987 文字符号	名称	GB/T 4728—2005—2008 图形符号	GB/T 7159—1987 文字符号
并励直流电动机		M	断电延时型时间继电器线圈		KT
他励直流电动机		M	过电流继电器线圈		KI
永磁式直流测速发电机		BR	欠电流继电器线圈		KI
三相笼型异步电动机		M	过电压继电器线圈		KV
三相绕线转子异步电动机		M	过电压继电器线圈		KV
接触器动合（常开）主触点		KM	可变（可调）电阻器		R
接触器动合（常开）辅助触点		KM	滑动触点电位器		RP
接触器动断（常闭）主触点		KM	电容器一般符号		C
接触器动断（常闭）辅助触点		KM	极性电容器		C
继电器动合（常开）辅助触点		K	电感器、线圈、绕组、扼流器		L
继电器动断（常闭）辅助触点		K	带铁芯的电感器		L
通电延时型时间继电器线圈		KT	电抗器		L
			普通刀开关		Q
			普通三相刀开关		Q
			熔断器		FU

参 考 文 献

[1] 胡学林. 可编程序控制器应用技术 [M]. 北京：高等教育出版社，2000.

[2] 唐光荣. 微型计算机应用技术 [M]. 北京：清华大学出版社，2000.

[3] 张凤池. 现代工厂电气控制 [M]. 北京：机械工业出版社，2000.

[4] 项毅. 机床电气控制 [M]. 南京：东南大学出版社，2001.

[5] 王侃夫. 机床数控技术基础 [M]. 北京：机械工业出版社，2001.

[6] 隋振有. 中低压电控实用技术 [M]. 北京：机械工业出版社，2003.

[7] 程周. 电气控制与原理及应用 [M]. 北京：电子工业出版社，2003.

[8] 赵俊生. 数控机床电气控制技术基础 [M]. 北京：电子工业出版社，2005.

[9] 姚永刚. 数控机床电气控制 [M]. 西安：西安电子科技大学出版社，2005.

[10] 杨克冲. 数控机床电气控制 [M]. 武昌：华中科技大学出版社，2006.

[11] 张燕宾. 变频器应用教程 [M]. 北京：机械工业出版社，2007.

[12] 杨林建. 机床电气控制技术 [M]. 北京：北京理工大学出版社，2008.

[13] 许翏，许欣. 工厂电气控制设备 [M]. 3 版. 北京：机械工业出版社，2009.

[14] 冯宁. 可编程控制器技术应用 [M]. 北京：人民邮电出版社，2009.

[15] 杨林建. 电气控制与 PLC [M]. 北京：电子工业出版社，2010.

[16] 杨林建. 机床电气控制技术 [M]. 北京：北京理工大学出版社，2010.

[17] 王炳实. 机床电气控制 [M]. 4 版. 北京：机械工业出版社，2010.

[18] 卢斌. 数控机床及其使用维修 [M]. 2 版. 北京：机械工业出版社，2010.

[19] 殷佳琳. 电工技能与工艺项目教程 [M]. 3 版. 北京：电子工业出版社，2019.